全国技工院校数控加工类专业通用教材（中级技能层级）

数控铣床加工中心编程与操作

（FANUC系统）（第二版）

人力资源社会保障部教材办公室组织编写

U0274636

中国劳动社会保障出版社

简介

本书主要内容包括：数控铣床/加工中心编程基本知识、数控铣床/加工中心的操作、数控铣仿真加工、平面加工、轮廓加工、孔系加工、中级职业技能鉴定实例等。

本书由何宏伟主编，淡书桥任副主编，王志广、徐东方、吴长有、李峰、李兆祥、吴魁魁、盛德芳、陈俊超参加编写，洪惠良主审。

图书在版编目（CIP）数据

数控铣床加工中心编程与操作：FANUC 系统/人力资源社会保障部教材办公室组织编写. -- 2版. -- 北京：中国劳动社会保障出版社，2019

全国技工院校数控加工类专业通用教材. 中级技能层级

ISBN 978-7-5167-3988-4

Ⅰ.①数… Ⅱ.①人… Ⅲ.①数控机床-铣床-程序设计-技工学校-教材②数控机床-铣床-操作-技工学校-教材 Ⅳ.①TG547

中国版本图书馆 CIP 数据核字（2019）第 092023 号

中国劳动社会保障出版社出版发行

（北京市惠新东街 1 号　邮政编码：100029）

*

三河市华骏印务包装有限公司印刷装订　新华书店经销

787 毫米×1092 毫米　16 开本　12.75 印张　285 千字

2019 年 6 月第 2 版　2021 年 12 月第 5 次印刷

定价：23.00 元

读者服务部电话：（010）64929211/84209101/64921644

营销中心电话：（010）64962347

出版社网址：http://www.class.com.cn

http://jg.class.com.cn

前言

　　为了更好地适应全国技工院校数控加工类专业的教学要求，全面提升教学质量，人力资源社会保障部教材办公室组织有关学校的一线教师和行业、企业专家，在充分调研企业生产和学校教学情况、广泛听取教师对教材使用反馈意见的基础上，对全国技工院校数控加工类专业中级阶段通用教材进行了修订。

教材体系

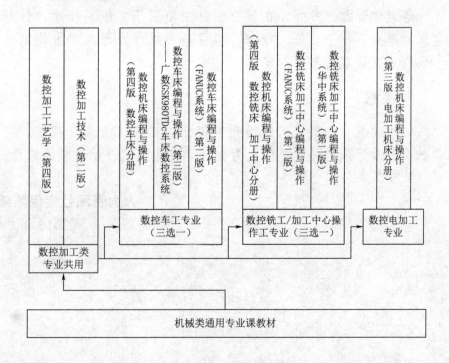

数控加工工艺学（第四版）

数控加工技术（第二版）

（第四版）数控机床编程与操作——数控车床分册

数控车床编程与操作——广数GSK980TDc车床数控系统（第三版）

数控车床编程与操作（FANUC系统）（第二版）

（第四版）数控机床编程与操作——数控铣床加工中心分册

数控铣床编程与操作（FANUC系统）（第二版）

数控铣床加工中心编程与操作（华中系统）（第二版）

（第三版）数控机床编程与操作——电加工机床分册

数控车工专业（三选一）

数控铣工/加工中心操作工专业（三选一）

数控电加工专业

数控加工类专业共用

机械类通用专业课教材

编写特色

◆ **紧贴教学实际情况** 根据数控加工类专业毕业生所从事岗位的实际需要和教学实际情况的变化，合理确定学生应具备的能力与知识结构，对部分教材内容及其深度、难度做了适当调整；充分考虑教材的适用性，选择当今数控教学中广泛使用的数控系统。

◆ **体现行业技术发展** 根据相关专业领域的最新发展，在教材中充实新知识、新技术、新设备、新材料等方面的内容，体现教材的先进性。

◆ **更新国家技术标准** 采用最新的国家技术标准，使教材内容更加科学和规范。

◆ **符合学生阅读习惯** 在教材内容的呈现形式上，较多地利用图片、实物照片和表格等形式将知识点生动地展示出来，力求让学生更直观地理解和掌握所学内容。

教学服务

本套教材配有习题册和方便教师上课使用的多媒体电子课件，可以通过职业教育教学资源和数字学习中心网站（http://zyjy.class.com.cn）下载电子课件等教学资源。另外，在部分教材中使用了二维码技术，针对教材中的教学重点和难点制作了动画、视频、微课等多媒体资源，学生使用移动终端扫描二维码即可在线观看相应内容。

致谢

本次教材的修订工作得到了河北、江苏、山东、河南、广东等省人力资源社会保障厅及有关学校的大力支持，在此我们表示诚挚的谢意。

人力资源社会保障部教材办公室
2018 年 8 月

目录

第一章

数控铣床/加工中心编程基本知识

第一节 数控铣床/加工中心概述

一、数控铣床/加工中心的基本概念

1. 数控铣床

数控机床是用数字化信号对机床的运动及其加工过程进行控制的机床，或者说是装备了数控系统的机床。数控铣床就是装备了数控系统或采用了数控技术，主要完成铣削加工，并辅助有镗削加工的数控机床。

（1）数控铣床的分类

数控铣床按主轴在空间所处的位置可以分为卧式数控铣床和立式数控铣床。卧式数控铣床的主轴轴线与工作台台面平行，如图 1—1a 所示；立式数控铣床的主轴轴线与工作台台面垂直，如图 1—1b 所示。

a)   b)

图 1—1 数控铣床

a）卧式数控铣床 b）立式数控铣床

（2）数控铣床的加工对象

数控铣床可以对零件的二维轮廓或三维轮廓进行加工，如平面轮廓、斜面轮廓、曲面轮廓，还可以对孔类零件进行加工，如钻孔、扩孔、锪孔、铰孔、镗孔和攻螺纹等。常见的数控铣床加工零件包括机械零件、塑料模具零件、电极等，如图 1—2 所示。

a)   b)   c)

图 1—2   数控铣床加工零件
a）汽车拨叉   b）塑料模具零件   c）电极

2．加工中心

加工中心是由机械设备与数控系统组成的适用于加工复杂零件的高效率自动化机床。加工中心是从数控铣床发展而来的，与数控铣床的最大区别在于具有自动交换加工刀具的能力，通过在刀具库中安装不同用途的刀具，可以在一次装夹中通过自动换刀装置改变主轴上的加工刀具，实现多种加工功能。

（1）加工中心的分类

加工中心按主轴在空间所处的位置分为卧式加工中心和立式加工中心。加工中心的主轴轴线与工作台台面平行的称为卧式加工中心，如图 1—3a 所示；主轴轴线与工作台台面垂直的称为立式加工中心，如图 1—3b 所示。

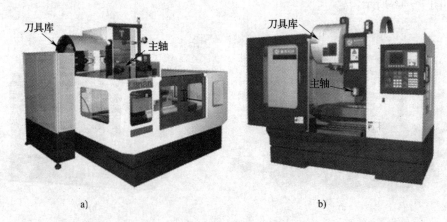

a)   b)

图 1—3   加工中心
a）卧式加工中心   b）立式加工中心

（2）加工中心的加工对象

加工中心适宜加工复杂、工序多、要求精度较高、需用多种类型刀具才能完成加工的零件。加工的主要对象有箱体类零件、复杂曲面、异形件、盘套类零件和板类零件等，如图 1—4 所示。

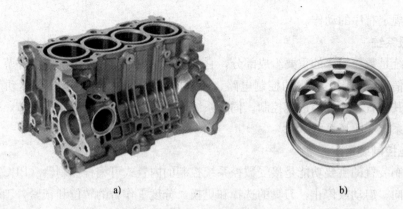

a)   b)

图 1—4　加工中心的加工对象

a) 箱体类零件　b) 复杂曲面类零件

二、数控铣床/加工中心的组成

数控铣床/加工中心的组成如图 1—5 所示。

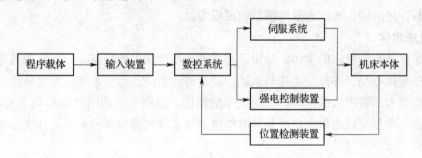

图 1—5　数控铣床/加工中心的组成

1. 程序载体

数控机床是按照程序载体上的数控程序运行的。一个完整的数控程序，主要包括刀具的运动轨迹、刀具参数（主轴转速、进给量）和辅助运动（切削液的开关）等，将这些信息以一定格式和代码存储到某种介质中，如 U 盘或硬盘等，最后通过数控机床的输入装置，将程序信息输入到数控系统内。

2. 输入装置

输入装置的作用是将程序载体内有关加工程序读入数控系统。一般数控系统的输入方式可以分为两种，一种是利用数控系统自带的键盘采用手动的方式（MDI 方式）逐字逐句地把加工程序输入到系统中，另一种是将存储在计算机中的程序用通信的方式传送到数控系统中。

3. 数控系统

数控系统是数控机床的核心。现代数控系统通常是一台带有专门系统软件的专用微型计算机。它由输入装置、控制运算器和输出装置等构成。它接受控制介质上的数字化信息，经过控制软件或逻辑电路进行编译、运算和逻辑处理后，输出各种信号和指令，控制机床的各个部分进行规定有序的动作。

4．伺服系统

伺服系统是数控机床的重要组成部分，它是数控系统和受控设备的联系环节。数控系统发出的控制信息经伺服系统中的控制电路、功率放大电路，由伺服电动机驱动受控设备工作，并可对其位置、速度等进行控制。伺服系统一般可根据有无检测反馈环节，分为开环系统、半闭环系统和闭环系统。

5．强电控制装置

强电控制装置的主要功能是接受数控系统控制的内置式可编程控制器（PLC）输出的主轴变速、换向、启动或停止，刀具的选择和更换，分度工作台的转位和锁紧，工件的夹紧和松开，切削液的开或关等辅助操作的信号，经功率放大直接驱动相应的执行元件，如接触器、电磁阀等，从而实现数控机床在加工中的全部自动操作。

6．位置检测装置

半闭环系统和闭环系统配有位置检测装置，它可以将检测元件所测得的位移值进行模拟转换，然后作为反馈信号输入到比较电路，经与指令值相比较后控制伺服系统进行补偿运动。因此，检测元件的性能对伺服系统有很大的影响。常用的位移检测元件有脉冲编码器、旋转变压器、感应同步器、光栅传感器和磁栅等。

7．机床本体

机床本体是数控机床的主体，是用于完成各种切削加工的机械部分。数控机床与普通机床相比，在整体布局、外形、主传动系统、进给传动系统、刀具系统、支撑系统、排屑系统和冷却系统等方面有很大的差异，如对机床的精度、静刚度、动刚度等提出了更高的要求，而传动链则要求尽可能简单。这些差异能够更好地实现数控机床的要求，并充分适应数控加工的特点。

第二节　数控铣床/加工中心的坐标系

一、坐标系命名原则

为了便于编程时描述机床的运动和方向，进行正确的数值计算，就需要明确数控机床坐标系和进给方向。国际上对数控机床的坐标系和进给方向制定了《工业自动化系统和集成　机床数字控制　坐标系统和运动命名》（ISO 841：2001）。我国也制定了等效于该标准的《工业自动化系统与集成　机床数值控制坐标系和运动命名》（GB/T 19660—2005）。

GB/T 19660—2005标准中采取的坐标系和运动方向命名的规则为：刀具相对于静止的工件而运动。这一规则使编程人员能够在不知道是刀具运动还是工件运动的前提下确定加工工艺，编程时只要依据零件图样即可进行数控加工程序的编制。这一规则使编程工作有了统一的标准，无须考虑数控机床各部件的具体运动方向。

二、机床坐标系

为了确定机床上的运动方向和运动距离，就需要在机床上建立一个坐标系，这个坐标系称为机床坐标系。

1. 机床坐标系的规定

标准的机床坐标系是一个右手笛卡儿坐标系，如图 1—6a 所示。规定了 X、Y、Z 三个坐标轴的方向，拇指的指向为 X 坐标轴的正方向；食指的指向为 Y 坐标轴的正方向；中指的指向为 Z 坐标轴的正方向。这三个坐标轴的方向与机床的主要导轨平行。围绕 X、Y、Z 坐标轴旋转的圆周进给坐标分别用 A、B、C 表示，如图 1—6b 所示。

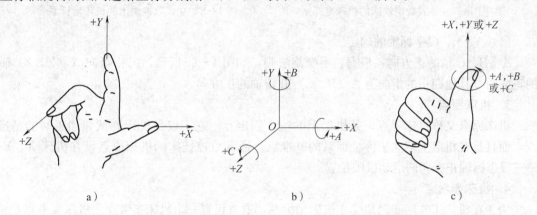

a)   b)   c)

图 1—6 右手笛卡儿坐标系

2. 运动方向的确定

数控机床规定增加刀具与工件的距离为移动方向的正方向。但此规定在应用时是以刀具相对于静止的工件而运动为前提条件的。也就是说，刀具离开工件的方向便是机床某一运动的正方向。

(1) Z 坐标轴的确定

Z 坐标轴的确定由传递切削力的主轴所决定，与主轴轴线平行的坐标轴即为 Z 坐标轴。Z 坐标轴的正方向是增加刀具与工件距离的方向。

(2) X 坐标轴的确定

X 坐标轴一般是水平的，它垂直于 Z 轴且平行于工作台平面。如果 Z 坐标是水平的（卧式数控铣床），X 坐标轴的正方向为：站在主轴的后端，从 Z 轴的正方向向着 Z 轴负方向看，水平向右为 X 轴的正方向，如图 1—7 所示。如果 Z 坐标轴是垂直于工作台的（立式数控铣床），X 坐标轴的正方向为：站在工作台前，从 Z 轴的正方向向着 Z 轴负方向看，水平向右的方向为 X 轴的正方向，如图 1—8 所示。

(3) Y 坐标轴的确定

根据 X、Z 轴的正方向，按照右手笛卡儿坐标系可以确定 Y 轴的正方向。

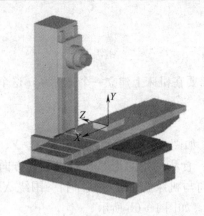
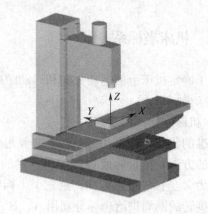

图1—7　卧式数控铣床的机床坐标系　　　　图1—8　立式数控铣床的机床坐标系

（4）A、B、C坐标轴的确定

A、B、C轴的正方向：根据右手螺旋法则，如图1—6c 所示，拇指指向 X（Y、Z）轴的正方向，其他四指的指向为 A（B、C）旋转轴的正方向。

3．机床原点

机床原点又称机床零点，是机床上的一个固定点，它不仅是机床调试和加工时的基准点，而且是在机床上建立工件坐标系的基准点。通常数控铣床的机床原点设在机床 X、Y、Z 三根坐标轴正方向的运动极限位置。

4．机床参考点

为了在机床工作时正确地建立机床坐标系，通常设置一个机床参考点。机床参考点是机床厂家在装配、调试时确定的一个固定的点，用户不能修改。机床参考点与机床原点可以重合，也可以不重合，通过参数指定机床参考点到机床原点的距离，因此二者之间保持固定的联系。通常在数控铣床上机床原点和机床参考点是重合的。

三、工件坐标系

工件坐标系是编程人员在编程时使用的，由编程人员选择工件上的某一个已知点为原点建立的一个坐标系。确定工件坐标系时不必考虑毛坯在机床上的实际装夹位置。但是工件坐标系各轴的方向应该与所使用的数控机床相应的坐标轴方向一致。

选择工件坐标系时一般应遵循以下原则：

1．尽可能将工件坐标系原点选择在工艺定位基准上，这样有利于提高加工精度。

2．工件坐标系原点的选择要尽量满足编程简单、尺寸换算少、引起的加工误差小等条件。

3．尽量选在精度较高的工件表面上，以提高被加工零件的加工精度。

4．将工件坐标系原点选择在零件的尺寸基准上，这样便于坐标值的计算。

5．Z 轴工件坐标系原点通常选在工件的上表面。

6．X 轴、Y 轴工件坐标系原点设在与零件的设计基准重合的地方。

四、对刀点与换刀点

数控机床加工应在编程时正确地设置对刀点和换刀点的位置。

1. 刀位点

刀具在机床上的位置是由刀位点的位置来表示的。所谓刀位点，是指刀具的定位基准点，不同的刀具，刀位点不同。对于麻花钻（也称钻头），刀位点为钻尖；对于车刀、镗刀类刀具，刀位点为其刀尖；对于平底立铣刀、端铣刀类刀具，刀位点为它们的底面中心；对于球头铣刀，则为球心或刀具圆弧的最低点，如图1—9所示。

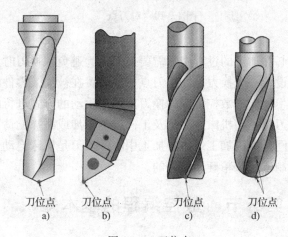

图1—9 刀位点

a）钻头 b）车刀 c）平底立铣刀 d）球头铣刀

2. 对刀点

对刀点是数控加工中刀具相对于工件运动的起点。程序也是从这一点开始执行的。所以对刀点也称为程序起点。对刀时，应使对刀点与刀位点一致，对刀点找正的准确度直接影响加工精度。选择对刀点的原则是：

（1）便于数学处理和简化程序编制。

（2）在机床上容易找正。

（3）在加工中便于检查。

（4）引起的加工误差小。

对刀点可以选择在工件上，也可以选择在工件外（如夹具上或机床上），但必须与工件的定位基准有一定的尺寸关系。

如图1—10所示，定位块被事先安装在机床上，水平边和竖直边分别与机床坐标系的 X 轴和 Y 轴平行。对刀点位于定位块的左下角，相对于编程原点的距离为 δ_1 和 δ_2。对刀点在机床坐标系中的位置可以通过对刀的方式获得，即图中的 X_1 值和 Y_1 值，此值为负值。因定位块的厚度尺寸 δ_1 和 δ_2 是已知的，所以就可以间接计算出编程原点在机床坐标系中的坐标值为 $(X_1+\delta_1, Y_1+\delta_2)$。

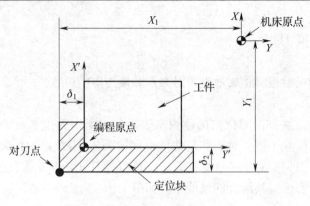

图1—10 对刀点

3．换刀点

数控铣床和加工中心在加工的过程中常需要换刀，为避免在换刀时刀具与工件或机床附件发生碰撞，编程时应设置一个换刀点。换刀点一般设置在被加工零件的外部，以防止换刀时刀具与工件或夹具发生碰撞。数控铣床的换刀是采用手动的方式进行的，该点是任意的一点，选择原则是在保证刀具不与机床、夹具及工件产生干涉或碰撞的情况下，越近越好。其主要目的是节约辅助时间，提高加工效率。加工中心的换刀是机床自动进行的，换刀点是一个固定的点，是由机床制造厂家精确调整好的。

第三节　数控编程的基本知识

一、数控加工程序及其编制过程

数控铣床/加工中心是采用数字信息来控制的机床，其工作流程就是根据被加工零件的技术要求，用代码化的数字信息将刀具移动轨迹信息记录在程序介质上，然后送入数控系统经过译码和运算，控制机床刀具和工件的相对运动，从而加工出所需工件。数控铣床/加工中心的编程过程如图1—11所示。

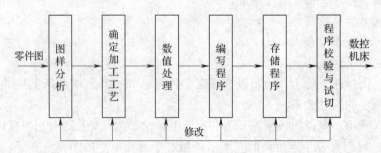

图1—11　数控铣床/加工中心的编程过程

1．图样分析

编程人员对零件图样的技术要求、几何形状、尺寸及工艺进行分析，确定加工内容，为下一步确定加工工艺做准备。

2．确定加工工艺

根据图样分析拟订加工方案，确定机床、夹具和刀具，选择适合的对刀点和换刀点，确定合理的切削用量，设定最佳的加工路线。

3．数值处理

在编写程序前，还需要对加工轨迹中未知基点（即图形元素之间交点或切点）的坐标进行计算，为编程做好准备。

4．编写程序

根据确定的加工路线、刀具号、切削用量以及数值计算的结果，按照数控机床规定使用的功能指令代码及程序段的格式，逐段编写加工程序。此外，还应附上必要的加工示意图、刀具说明、机床调整卡和工序卡等。

5．存储程序

程序编写完成后，还需要将编写的程序内容存储在控制介质上，以便输入到数控系统。现在大多数程序采用移动存储器作为存储介质，采用计算机传输到数控机床。

6．程序校验与试切

加工程序必须经过校验和试切才能正式使用，通常是通过仿真软件或机床空运行校验程序的轨迹是否正确，但是这种方法无法检查加工零件的尺寸、表面粗糙度和几何误差等。所以必须采用首件试切的方法来进行加工精度的检测。

二、程序编制的方法

数控程序的编制可以分为手工编程和自动编程两种方法。

1．手工编程

对于几何形状简单、计算方便、轮廓由直线和圆弧组成的零件，一般采用手工编程的方法编制加工程序。

手工编程是数控铣床/加工中心编程的重要方法，即使在自动编程普遍应用后，手工编程的地位也不可取代，仍是自动编程的基础。

2．自动编程

对于几何形状复杂，轮廓外形由一些非圆曲线、曲面所组成，或者零件的几何形状并不复杂但是程序编制的工作量很大，或者是需要进行复杂的工艺及工序处理的零件，因其加工过程中数值计算非常烦琐，编程工作量大，如果采用手工编程，往往耗时多而效率低，出错率高，甚至无法完成，故这种情况下必须采用自动编程的方法。

自动编程是指利用 CAD/CAM 自动编程软件对零件的加工内容进行编程的过程。自动编程的一般步骤为：图样分析、三维造型、生成加工刀具轨迹、后置处理生成加工程序、程序校验与试切。

自动编程的优点是效率高、编程时间短、质量高。缺点是必须具备自动编程软件，自动编程的硬件和软件配置费用较高。

三、常用术语及指令代码

1. 字符

字符是数控加工程序的最小基本组成单元，为英文字母、数字、标点符号或数学运算符号。

2. 代码

数控系统利用代码作为传递信息的语言。国际上广泛采用两种标准规定的代码，即 ISO 代码和 EIA 代码。ISO 代码由国际标准化组织（ISO）制定，为七位补偶码，在国内外的数控机床上广泛采用；EIA 代码最初是由美国工业电子协会规定的，为六位补奇码，在国外数控机床上采用较多。

3. 程序字

程序字是组成程序段的最小基本信息单元，是一套有规定次序的字符。如 X121.345，就是由 8 个字符组成的一个程序字。

4. 地址和地址字

（1）地址

地址又称为地址符，在数控加工程序中，它是指位于程序字头的字符或字符组，用以定义其后的数据。在数控铣床加工程序中常用的地址符有 N、G、X、Y、Z、U、V、W、I、J、K、R、F、S、T 和 M 等字符，每个地址符都有它的特定含义。常用地址符见表 1—1。

表 1—1　　　　　　　　　常用地址符的功能和意义

地址符	功能	意义或取值
O	程序号	程序号
N	程序段号	程序段号
G	准备功能	指令运动方式 G00～G99
X、Y、Z A、B、C U、V、W	尺寸字	坐标轴的移动指令
R		圆弧的半径
I、J、K		圆心坐标
F	进给速度	指定进给速度
S	主轴功能	指定主轴转速
T	刀具功能	指定刀具号（T0～T99）
M	辅助功能	机床辅助动作（M0～M99）
H、D	补偿号	指定刀具补偿号（00～99）
P、X	暂停	指定暂停时间，单位为 s
P	子程序号	指定子程序号
L	重复次数	子程序的重复次数，固定循环的重复次数
P、Q、R	参数	固定循环参数

（2）地址字

地址字是由地址符和一组字符所组成。数控程序中的地址字也称为程序字。例如，在"N100 M30"这个程序段中，就有 N100 和 M30 两个地址字。

数控程序常见的地址字有程序段号字、准备功能字、坐标尺寸字、进给功能字、主轴功能字、刀具功能字和辅助功能字七种。

1）程序段号字。它表示程序段的名称，由地址符 N 和后续的数字组成（1～9999）。程序段号字位于程序段之首，可以用在引导程序、主程序、子程序及用户宏程序中，也可以省略不写。

为了方便修改数控程序，一般程序段号字中的数字不连续，而是间隔书写，如 N10、N20…。这样在修改程序时，如需要在 N10 和 N20 之间加入一个程序段，便可以命名新加入的程序段为 N11 或 N12 等。

2）准备功能字。准备功能字是确定机床工作方式的一种命令，由地址符 G 和后续的两位数字组成（G00～G99），也有少数数控系统（如西门子系统）采用三位数字。因其地址符为 G，故又称为 G 功能或 G 代码。表 1—2 是 FANUC 0i 系统常用 G 代码。

表 1—2   FANUC 0i 系统常用 G 代码

G 代码	组	功能	G 代码	组	功能
▲G00		快速定位	G27		返回参考点检测
G01		直线插补	G28		返回参考点
G02	01	顺圆插补/螺旋线插补	G29	00	由参考点返回
G03		逆圆插补/螺旋线插补	G30		返回第2、第3、第4参考点
G04		暂停	G31		跳转功能
G05.1		超前读多个程序段	G33	01	螺纹切削
G07.1		圆柱插补	G37		自动刀具长度测量
G08	00	预读控制	G39	00	拐角偏置圆弧插补
G09		准确停止	▲G40		刀具半径补偿取消
G10		可编程数据输入	G41	07	刀具半径左补偿
G11		可编程数据输入方式取消	G42		刀具半径右补偿
▲G15	17	极坐标指令取消	▲G40.1		法向方向控制取消
G16		极坐标指令	G41.1	18	法向方向控制左侧接通
▲G17		XY平面选择	G42.1		法向方向控制右侧接通
G18	02	XZ平面选择	G43		刀具长度正补偿
G19		YZ平面选择	G44	08	刀具长度负补偿
G20	06	英制输入	G45		刀具位置偏置加
▲G21		公制输入	G46		刀具位置偏置减
▲G22	04	存储行程检测接通	G47	00	刀具位置偏置（2倍）
G23		存储行程检测断开	G48		刀具位置偏置（减半）

G 代码	组	功能	G 代码	组	功能
▲G49	08	刀具长度补偿取消	G74		攻左旋螺纹循环
▲G50	11	比例缩放取消	G76	09	精镗孔循环
G51		比例缩放有效	▲G80		固定循环取消
▲G50.1	22	可编程镜像取消	G81		钻孔循环，锪镗孔循环
G51.1		可编程镜像有效	G82		钻孔循环
G52		设定局部坐标系	G83		深孔钻循环
G53		机床坐标系	G84		攻右旋螺纹循环
▲G54		工件坐标系 1	G85	09	镗孔循环
G54.1		选择附加工件坐标系	G86		镗孔循环
G55	00	工件坐标系 2	G87		反镗孔循环
G56		工件坐标系 3	G88		镗孔循环
G57		工件坐标系 4	G89		镗孔循环
G58		工件坐标系 5	▲G90	03	绝对值编程
G59		工件坐标系 6	G91		增量值编程
G60	00/01	单方向定位	G92	00	工件坐标系设定
G61		准确停止方式	G92.1		工件坐标系预置
G62	15	自动拐角倍率	▲G94	05	每分钟进给
G63		攻螺纹方式	G95		每转进给
▲G64		切削方式	G96	13	恒线速度
G65	00	宏程序调用	▲G97		每分钟转数
G66	12	宏程序模态调用	▲G98	10	固定循环返回起始点
▲G67		宏程序模态调用取消	G99		固定循环返回 R 点
G68	16	坐标旋转有效			
▲G69		坐标旋转取消			
G73	09	深孔钻循环			

注：带▲号的 G 代码为开机默认代码。

G 代码说明如下。

① 开机默认代码。为了简化编程，数控系统对每一组的代码指令，都选取了其中的一个作为开机默认代码，此代码在开机时或系统复位时可以自动生效，因此，在编程时对这些代码可以省略不写。

② 代码分组。代码分组就是将系统中不能同时执行的代码分为一组，并以组号区别，例如 G00、G01、G02、G03 就属于同组代码，其编号为"01"组。同组代码具有相互取代的作用，同组代码在一个程序段中只能有一个有效。当在同一个程序段中有两个或两个以上的同组代码时，一般以最后输入的代码为准，有时机床还会出现报警。因此，在编程过程中

要避免将同组代码编入同一个程序段中，以免引起混淆。对于不同组的代码，在同一个程序段中可以进行不同的组合。例如：

G00 G17 G21 G40 G49 G80；

上面的程序段是规范的程序段，所有的代码均为不同组代码。

③ 模态代码。模态代码又称续效代码，这种代码一经指定，在接下来的程序段中一直持续有效，直到出现同组其他代码时，该代码才失效。在 FANUC 0i 系统中除"00"组中的 G 代码是非模态的，其他组的 G 代码都是模态代码。另外，F、S、T 代码也属于模态代码。

非模态代码是指仅在编写的程序段中才有效，如 G 代码中的 G09 代码，M 代码中的 M00、M01 等代码。

模态代码的应用，简化了编程，避免了程序中出现大量的重复指令。同样，尺寸功能字如前后重复出现，该尺寸功能字也可以省略不写。

3）坐标尺寸字。坐标尺寸字用于指定在程序段中刀具运动后应到达的坐标位置，一般该位置由直角坐标系确定。坐标尺寸字由规定的地址符和后续带有符号的数字组成。根据用途不同，坐标尺寸字可以分为三类。

第一类用于指定到达点的直线坐标尺寸，其地址符为 X、Y、Z、U、V、W、P、Q、R。

第二类用于指定到达点的角度坐标尺寸，其地址符为 A、B、C。

第三类用于指定圆弧圆心坐标尺寸，其地址符为 I、J、K。

坐标功能字单位可以用 G21 和 G20 来指定。G21 表示采用公制编程，长度单位为毫米（mm）；G20 表示采用英制编程，长度单位为英寸（inch）。公制、英制的角度单位均为度（deg）。

对于数据的输入，在 FANUC 0i 系统中，输入带有小数点的数据时以 mm 为单位；输入不带有小数点的数据时以脉冲当量为单位，即机床的最小输出单位，现在大多数数控机床的脉冲当量为 0.001 mm。

例如：当系统输入的数据为 X100. 时，表示以 mm 为单位，系统在执行该指令后刀具（或工件）将移到 X 坐标轴的 100 mm 处；当系统输入数据 X100 时，表示以脉冲当量为单位，系统在执行该指令后刀具（或工件）将移到 X 坐标轴的 0.1 mm（即 $100 \times 0.001 = 0.1$ mm）处；当系统输入的数据为 X100.1234 时，表示以 mm 为单位，如果机床的脉冲当量为 0.001 mm，系统将对数据进行四舍五入处理，即 X100.123。

4）进给功能字。进给功能字用于指定进给切削速度。因由地址符 F 和后续的数字所组成，故通常也被称为 F 功能或 F 指令。

FANUC 0i 系统的进给速度分为每分钟进给量（mm/min）和每转进给量（mm/r）两种，每分钟进给量用指令 G94 表示，每转进给量用指令 G95 表示。

例如：

G94 G01 X100.0 F50；（表示进给速度为 50 mm/min）

G95 G01 X100.0 F50；（表示进给速度为 50 mm/r）

5）主轴功能字。主轴功能字用于指定机床主轴的转速。因由地址符 S 和后续的数字所组成，故通常也被称为 S 功能或 S 指令。

FANUC 0i 系统的主轴转速分为恒线速度（m/min）和每分钟转数（r/min）两种，恒线速度用指令 G96 表示，每分钟转数用指令 G97 表示。其中恒线速度指令多用于数控车床加工表面质量要求较高的圆锥表面。

例如：

G96 M03 S50；（主轴的转速为 50 m/min）

G97 M03 S50；（主轴的转速为 50 r/min）

6）刀具功能字。刀具功能字用于指定加工中所用的刀具号。因由地址符 T 和后续的数字组成，故通常也称为 T 功能或 T 指令。

例如：

T01；（表示选用 01 号刀具库中的刀具）

7）辅助功能字。辅助功能字用于指定机床辅助装置的动作。因由地址符 M 和后续的两位数字所组成（M00～M99），故通常也称为 M 功能或 M 指令。也有少数数控系统（如西门子系统）采用三位数字。

FANUC 0i 系统常用 M 代码见表 1—3。

表 1—3　　　　　　　　　　　　　FANUC 0i 系统常用 M 代码

序号	代码	功能	序号	代码	功能
1	M00	程序暂停	8	M07	喷雾
2	M01	选择停止	9	M08	切削液开
3	M02	程序结束	10	M09	切削液关
4	M03	主轴正转	11	M30	程序结束光标返回程序头
5	M04	主轴反转	12	M98	调用子程序
6	M05	主轴停止	13	M99	子程序结束并返回主程序
7	M06	自动换刀			

常用 M 代码说明如下。

① M00 指令。系统执行 M00 指令后，程序在本程序段停止运行，机床的所有动作均被切断，同时模态信息全部被保存下来，相当于程序暂停。当重新按下操作面板的循环启动键后，可继续执行 M00 指令后的程序。M00 指令一般可以用作在自动加工过程中停车进行某些固定的手动操作（如测量、换刀等）。

② M01 指令。M01 指令的执行过程与 M00 指令类似，不同的是需要在执行 M01 指令前按下操作面板上的"选择停止"开关，程序运行到 M01 时即停止。若不按下"选择停止"开关，则 M01 指令不起作用，机床继续执行后面的程序。

③ M02 指令。该指令表示加工程序全部结束。它使主轴、进给、切削液都停止，机床复位。M02 指令必须用在最后一个程序段中。

④ M03、M04、M05 指令。M03 指令表示主轴正转，M04 指令表示主轴反转，M05 指令表示主轴停止。

⑤ M06 指令。M06 指令用于在加工中心上自动换刀。通常 M06 指令要与 T 指令配合使用，T 指令是使机床选定所用的刀具号，并不执行换刀动作，当执行 M06 指令后机床才可执行正确的换刀。

⑥ M07、M08、M09 指令。M07 指令表示喷雾，M08 指令表示切削液开，M09 指令表示切削液关。

⑦ M30 指令。该指令与 M02 指令类似，用作程序结束指令。不同之处是执行 M30 指令后光标返回到程序开头的位置，为加工下一个零件做准备。

⑧ M98、M99 指令。M98 指令表示调用子程序，M99 指令表示子程序结束并返回主程序。

四、数控加工程序组成及格式

1. 程序组成

加工程序是数控加工中的核心部分。不同的数控系统，其加工程序的结构和格式也各不相同，因此编程时，要严格按照机床编程说明书进行。

一个完整的程序由程序号、程序内容和程序结束三部分组成，如下所示。

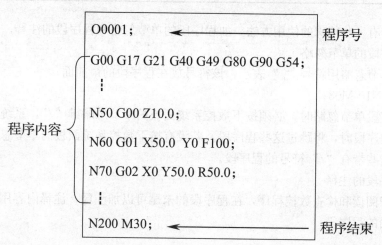

（1）程序号

FANUC 系统用地址符 O 及后续的四位数字表示程序号，取值范围为 0000～9999。

在书写程序号时应注意：

1）程序号必须写在程序的最前面，并单独占一行。

2）O0000 程序号和 O8000 以后的程序号，在系统中有特殊的用途，因此，应尽量避免在普通数控加工程序中使用。

3）第一个非零数字前的零可以省略不写。如 O0001 可以省略为 O1。

（2）程序内容

程序内容是整个程序的核心，由许多程序段组成。它包含了所有的加工信息，如加工轨迹、主轴和切削液开关等。

（3）程序结束

程序的结束用 M02 或 M30 来指定，写在程序的最后一行。使用 M02 指令作为程序的结束时，数控程序运行到 M02 指令，整个程序运行结束，光标停留在此位置。使用 M30 指令作为程序的结束时，数控程序运行到 M30 指令，整个程序运行结束，并且光标回到程序起始位置。

2. 程序段格式

程序段是程序的基本组成部分，每个程序段由若干个程序字组成。程序段的开始部分用程序段号表示，结束用 LF 表示，在使用时常采用"；"或"＊"表示。程序段格式见表1—4。

表 1—4　　　　　　　　　　　　　　　　程序段格式

N…	G…	X…Y…Z… A…B…C… U…V…W…	I…J…K… R…	F…	S…	T…	H… D…	M…	LF
程序段号	准备功能	尺寸字		进给功能	主轴功能	刀具功能	刀具补偿号	辅助功能	程序段结束符

程序段还有一些特殊的使用方法，如程序段的单节忽略和程序段的注释。

（1）程序段的单节忽略

程序段单节忽略用符号"/"表示，该符号放在程序段的最前面。

例如：/ N10 M08；

使用程序段单节忽略时，必须按下数控系统面板的单节忽略键"/"，系统在执行到带有"/"符号的程序段时，将跳过这些程序段。若没有按下数控系统面板的单节忽略键"/"，则系统将执行这些带有"/"符号的程序段。

（2）程序段的注释

为了便于阅读和检查数控程序，在程序段的末尾可以加注释，注释内容用符号"（）"括起来。如下面的程序段。

O0001；

（PROGRAM NAME－T）；

（DATE＝DD－MM－YY－12－02－11 TIME＝HH：MM－00：52）；

N100 G21；

N102 G00 G17 G40 G49 G80 G90；

（8. FLAT ENDMILL TOOL－1 DIA. OFF. －1 LEN. －1 DIA. －8.）；

N104 T01 M06；

N106 G00 G90 G54 X－16.5 Y－25.0 S400 M03；

N108 G43 Z50.0 H01；

...

系统在执行到带有括号的注释时，机床不做任何动作，只是在显示器上显示注释的内容，以方便操作者了解有关情况。

第二章

数控铣床/加工中心的操作

第一节　数控铣床/加工中心的面板介绍

数控铣床/加工中心的面板由数控系统面板和机床操作面板两部分组成。目前我国使用较多的国外数控系统有日本的发那科（FANUC）数控系统和德国的西门子（SIEMENS）数控系统，国内数控系统使用较多的有华中数控系统和广州数控系统。面板是由机床厂家配合数控系统自主设计的。不同厂家的产品，面板各不相同。本节将介绍 FANUC 0i 数控系统面板及机床操作面板的功能及应用。

一、数控系统面板

FANUC 0i 数控铣床/加工中心的数控系统面板主要由 CRT 显示屏和 MDI 键盘组成，其中 CRT 是阴极射线管的英文缩写（Cathode Ray Tube，CRT），而 MDI 是手动数据输入的英文缩写（Manual Data Input，MDI）。图 2—1 所示为 FANUC 0i 系统的数控系统面板。

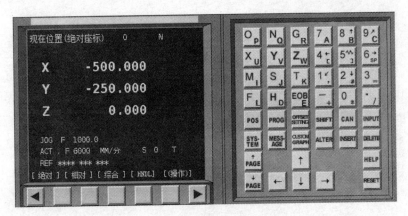

图 2—1　FANUC 0i 数控系统面板

1. CRT 显示屏

图 2—1 所示左边为 CRT 显示屏，其主要作用是根据用户的操作，系统在 CRT 显示屏中显示出不同的信息，如零件程序、工件坐标位置、机床的状态和操作信息等。CRT 显示屏下方的一排键，除了左右两个向前和向后的翻页键外，其余键面上均没有任何标志。这是

因为各键的功能都被显示在 CRT 显示屏下方的相应位置上，并随着显示的页面不同而有着不同的功能，这部分没有显示标志的按键被称为软键。

2. MDI 键盘

MDI 键盘是用户输入数据和数控指令的工具，由地址/数据键、功能键、翻页键、光标移动键和编辑键等组成，如图 2—2 所示。表 2—1 为 MDI 键盘各键的说明。

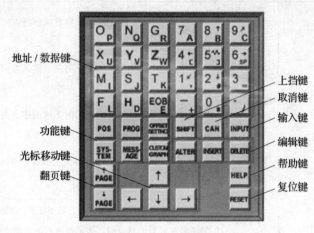

图 2—2　MDI 键盘

表 2—1　　　　　　　　　　　　MDI 键盘各键的说明

符号	名称	功能说明
地址/数据键图	地址/数据键	按这些键可输入字母、数字以及其他字符
功能键图	功能键	**POS**：坐标位置显示页面键，位置显示有绝对、相对和综合三种方式 **PROG**：数控程序显示与编辑页面键。在编辑方式下，用于编辑、显示存储器内的程序；在手动数据输入方式下，用于输入和显示数据；在自动方式下，用于显示程序指令 **OFFSET SETTING**：参数输入页面键。按第一次进入刀具补偿参数设置页面；按第二次进入"SETTING（HANDY）"页面；按第三次进入坐标系设置页面 **SYSTEM**：系统参数页面键，用来显示系统参数 **MESSAGE**：信息页面键，用来显示提示信息 **CUSTOM GRAPH**：图形参数设置页面键，用来显示图形画面

续表

符号	名称	功能说明
<kbd>PAGE↑</kbd> <kbd>PAGE↓</kbd>	翻页键	<kbd>PAGE↑</kbd>：此键用于在屏幕上朝前翻一页 <kbd>PAGE↓</kbd>：此键用于在屏幕上朝后翻一页
<kbd>↑</kbd> <kbd>←</kbd> <kbd>↓</kbd> <kbd>→</kbd>	光标移动键	<kbd>→</kbd>：这个键是用于将光标向右或前进方向移动。在前进方向光标按一段短的单位移动 <kbd>←</kbd>：这个键是用于将光标向左或倒退方向移动。在倒退方向光标按一段短的单位移动 <kbd>↓</kbd>：这个键是用于将光标向下或前进方向移动。在前进方向光标按一段大尺寸单位移动 <kbd>↑</kbd>：这个键是用于将光标向上或倒退方向移动。在倒退方向光标按一段大尺寸单位移动
<kbd>SHIFT</kbd>	上挡键	在有些键的顶部有两个字符，按 SHIFT 键来选择字符。当一个特殊字符 $\bar{E}$ 在屏幕上显示时，表示键面右下角的字符可以输入
<kbd>CAN</kbd>	取消键	按 CAN 键可删除已输入到缓冲器里的最后一个字符或符号
<kbd>INPUT</kbd>	输入键	当按了地址键或数字键后，数据被输入到缓冲器，并在 CRT 显示器上显示出来。为了把输入到缓冲器中的数据拷回寄存器，按 INPUT 键。这个键与〔INPUT〕软键作用相同
<kbd>ALTER</kbd> <kbd>INSERT</kbd> <kbd>DELETE</kbd>	编辑键	<kbd>ALTER</kbd>：字符替换键 <kbd>INSERT</kbd>：字符插入键 <kbd>DELETE</kbd>：字符删除键
<kbd>HELP</kbd>	帮助键	按 <kbd>HELP</kbd> 键用来显示如何操作机床，如 MDI 键的操作，可在 CNC（数控机床）发生报警时提供报警的详细信息（帮助功能）
<kbd>RESET</kbd>	复位键	按 <kbd>RESET</kbd> 键可使 CNC 复位，用以清除报警等
<kbd>EOB E</kbd>	回车换行键	结束一行程序的输入并且换行

二、机床操作面板

配备 FANUC 系统的数控铣床和加工中心的机床操作面板大同小异，除了部分键的位置不相同外，操作基本相同。图 2—3 所示为机床操作面板。

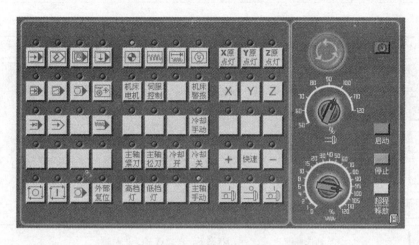

图 2—3　机床操作面板

机床操作面板上各键的说明见表 2—2。

表 2—2 机床操作面板上各键的说明

符号	名称	功能说明
	自动运行键	按下该键，系统进入自动加工模式
	编辑键	按下该键，系统进入程序编辑状态，可直接通过数控系统面板输入或编辑程序
	MDI 键	按下该键，系统进入 MDI 模式，手动输入并执行指令
	远程执行键	按下该键，系统进入远程执行模式
	单节键	按下该键，运行程序时每次执行一条数控指令
	单节忽略键	按下该键，数控程序中的单节忽略符号"/"有效
	选择性停止键	按下该键，"M01"代码有效
	机械锁定键	锁定机床
	试运行键	空运行
	进给保持键	程序运行暂停。在程序运行过程中，按下此键运行暂停。按循环启动键"☐"恢复运行
	循环启动键	程序运行开始。系统处于自动运行或 MDI 模式时按下有效，其余模式下使用无效
	循环停止键	程序运行停止。在数控程序运行中，按下此键停止程序运行

续表

符号	名称	功能说明
外部复位	外部复位键	复位系统
	回原点键	单击此键，系统进入回原点模式
	手动	单击此键，系统进入手动模式
	手动脉冲	单击此键，系统进入手轮控制模式
	手动脉冲	单击此键，系统进入手轮控制模式
X	X 轴选择键	手动状态下，选择 X 轴为进给轴
Y	Y 轴选择键	手动状态下，选择 Y 轴为进给轴
Z	Z 轴选择键	手动状态下，选择 Z 轴为进给轴
+	正向移动键	机床进给轴正向移动
−	负向移动键	机床进给轴负向移动
快速	快速键	单击该键，将进入手动快速状态
	主轴控制键	依次为主轴正转、主轴停止、主轴反转
	急停键	按下急停键，机床立即停止，并且所有的输出如主轴的转动等都会关闭
	主轴倍率选择旋钮	调节主轴的转速倍率
	进给倍率选择旋钮	调节运行时的进给速度倍率
启动	启动键	启动控制系统
停止	关闭键	关闭控制系统
超程释放	超程释放键	系统超程释放

符号	名称	功能说明
	手轮面板	点击 ⊞ 键显示手轮面板，再点击手轮面板右下角的 ⊞ 键，手轮面板将被隐藏
	手轮轴选择旋钮	手轮状态下，将光标移至此旋钮上后，通过单击鼠标的左键或右键来选择进给轴
	手轮进给倍率旋钮	手轮状态下，将光标移至此旋钮上后，通过单击鼠标的左键或右键来调节手轮步长。×1、×10、×100 分别代表移动量为 0.001 mm、0.01 mm、0.1 mm
	手轮	顺时针转动手轮，坐标轴向正方向移动；逆时针转动手轮，坐标轴向负方向移动

第二节　数控铣床/加工中心的基本操作

一、开机与关机操作

1. 开机准备

（1）检查润滑系统是否正常。

（2）检查气压是否正常。

（3）检查机床防护门、电器控制门是否关闭。

（4）注意遵守数控铣床/加工中心安全操作规程的规定。

2. 机床开机操作

（1）打开空气压缩机。

（2）将电器柜上的电源开关旋至"ON"，打开机床总电源。

（3）按下机床操作面板上的启动键 ，启动数控系统，该操作将装载 CNC 系统，此操作需等待十几秒钟。

（4）顺时针旋转急停键 ，松开急停开关。

3. 机床关机操作

（1）将工作台移动至安全位置。

（2）将主轴停止转动。

（3）按下急停键 ⊙ ，停止液压系统和所有驱动元件。

（4）按下机床操作面板上的关闭键 停止 ，关闭 CNC 系统电源。

（5）将电器柜上的电源开关旋至 "OFF"，关闭机床总电源。

（6）关闭空气压缩机。

二、回原点操作

控制机床运动的前提是建立机床坐标系。因此，系统在接通电源后应首先进行机床各轴回原点的操作，当所有坐标轴回原点后，便建立了机床坐标系。

1．操作步骤

（1）按下回原点键 ◉ ，系统进入回原点模式。

（2）依次选择相应的坐标轴如 " X 、 Y 、 Z "，然后按下正向移动键 + ，使各轴分别回原点。

2．注意事项

（1）在执行过程中，原点指示灯会持续闪烁。原点回归完成后，则指示灯会长亮不再闪烁。

（2）在回原点前，机床各坐标轴如果位于原点的附近，则原点的回归无法完成。因此，应使机床各坐标轴沿着远离原点的方向移动一段距离，然后执行回原点操作。

（3）回原点时，为了保证刀具不与工件、夹具或机床发生干涉，通常应使机床的 Z 坐标轴先回原点，然后使其他坐标轴回原点。

三、手动操作

1．手动连续进给

（1）操作步骤

1）在机床操作面板上，选择手动键 ⟋⟍⟍ 。

2）依次选择相应的坐标轴如 " X 、 Y 、 Z "，然后按下正向移动键 + 或负向移动键 - ，可以实现各轴沿着指定的方向移动。

（2）注意事项

1）机床连续移动时，需要持续按压正向或负向移动键，当松开移动键后机床将停止移动。

2）按下快速键 快速 ，然后按下正向移动键 + 或负向移动键 - ，可以实现各轴沿着指定的方向快速移动。

3）同时按下多个坐标轴的键，可以实现多个轴的同时移动。

2．手轮方式

（1）操作步骤

1）在机床操作面板上，选择手动脉冲键 ，

2）在控制手轮上选择相应的坐标轴。

3）设置移动倍率（×1、×10、×100）。

4）顺时针或逆时针转动手轮，使机床沿着指定的方向移动。

（2）注意事项

1）顺时针转动手轮，坐标轴向正方向移动；逆时针转动手轮，坐标轴向负方向移动。

2）当机床行程超程时，可以按压超程释放键 不松，配合移动键，使机床沿着超程方向的反向移动，直至超程报警解除。此时，应特别注意移动方向，避免移动方向错误造成机床硬件损坏。

3．主轴操作

（1）主轴旋转方向的设定

在手动和手动脉冲方式下，按下机床操作面板上的主轴正转键 ，主轴将顺时针旋转；按下主轴停止键 ，主轴将停止转动；按下主轴反转键 ，主轴将逆时针旋转。

（2）主轴转速的设置

自动运行时主轴的转速、转向是在程序中用 S 代码和 M 代码指定的。在手动模式下，必须采用 MDI 方式设定主轴转速。

4．MDI 操作

MDI 方式适于简单程序的操作，如指定主轴的转速、更换刀具等。这些程序在执行后将不能被存储。其操作步骤如下。

（1）按下机床操作面板上的 MDI 键 ，系统进入 MDI 模式。

（2）在系统面板上，按下 PROG 键，CRT 显示器的左上角显示"程式（MDI）"的字样，如图 2—4 所示。

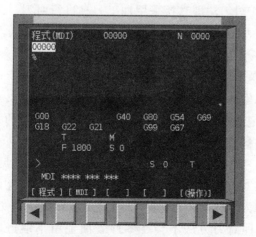

图 2—4　MDI 方式

（3）输入要运行的程序段。

（4）按下机床操作面板上的循环启动键 $\boxed{\text{I}}$ ，系统自动执行该程序段。

四、对刀操作

1. 对刀

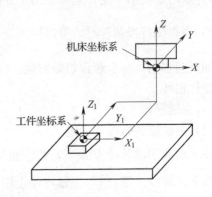

对刀的目的是通过刀具或对刀工具确定工件坐标系与机床坐标系之间的空间位置关系，就是让数控系统知道工件原点在机床坐标系中的具体位置，因为数控程序是在工件坐标系下编制的，而刀具则是依靠机床坐标系实现正确的移动，只有二者建立起确定的位置关系，数控系统才能正确地按照程序坐标控制刀具的运动轨迹。

如图2—5所示，认定机床坐标系的原点位于机床各轴回零后主轴端面的中心处。工件坐标系原点可以根据编程需要由编程操作者人为设定。对刀的目的就是要获得工件坐标系原点在机床坐标系中的坐标值。

图2—5　机床坐标系与工件坐标系的关系

2. 数控铣床/加工中心常用的对刀方法

数控铣床/加工中心的对刀操作分为 X、Y 向对刀和 Z 向对刀，对刀的准确程度将直接影响加工精度。对刀的方法要与零件的加工精度相适应。

（1）X、Y 向对刀

根据使用对刀工具的不同，对刀方法可以分为：试切对刀法、刚性靠棒对刀法、寻边器对刀法、百分表对刀法和对刀仪对刀法。

1）试切对刀法。试切对刀法即直接采用加工刀具进行对刀，这种方法操作简单方便，但会在零件表面留下切削刀痕，影响零件表面质量且对刀精度较低。

如图2—6所示，工件坐标系原点位于零件上表面的中心，刀具利用试切法先后定位到图中的1、2点并分别记录下此时CRT显示屏中的"机床坐标系"的 X 向坐标值 X_1、X_2，则工件坐标系原点在机床坐标系中的 X 向坐标值为 $(X_1+X_2)/2$。用同样的方法使刀具分别定位到3、4点并分别记录下CRT显示屏中的"机床坐标系"的 Y 向坐标值 Y_1、Y_2，则工件坐标系原点在机床坐标系中的 Y 向坐标值为 $(Y_1+Y_2)/2$。

2）刚性靠棒对刀法。刚性靠棒对刀法是利用刚性靠棒配合塞尺（或块规）对刀的一种方法，其对刀方法与试切对刀法相似。首先将刚性靠棒安装在刀柄中，移动工作台使刚性靠棒靠近工件，并将塞尺塞入刚性靠棒与工件之间，再次移动机床使塞尺恰好不能自由抽动为准，如图2—7所示。这种对刀方法不会在零件表面上留下痕迹，但对刀精度不高且较为费时。

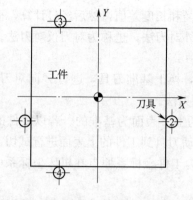

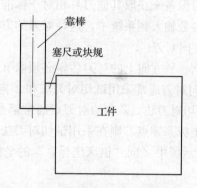

图 2—6　试切法对刀　　　　　　图 2—7　刚性靠棒配合塞尺或块规进行对刀

 提示

采用刚性靠棒只能对工件的 X、Y 方向对刀，工件的 Z 方向需采用刀具进行对刀。

3）寻边器对刀法。寻边器对刀法与刚性靠棒对刀法相似。常用的寻边器有机械寻边器，如图 2—8 所示，在使用机械寻边器时要求主轴转速设定在 500 r/min 左右，这种对刀法精度高，无须维护，成本适中；光电寻边器如图 2—9 所示，在使用时主轴不转，这种对刀法精度高，需维护，成本较高。在实际加工过程中考虑到成本和加工精度问题一般选用机械寻边器来进行对刀找正。采用寻边器对刀要求定位基准面有较好的表面粗糙度和直线度，确保对刀精度。

图 2—8　机械寻边器　　　　　　图 2—9　光电寻边器

4）百分表对刀法。该方法一般用于圆形零件的对刀，如图 2—10 所示，用磁力表座将百分表安放在机床主轴端面上，调整磁力表座上的伸缩杆长度和角度，使百分表的触头接触零件的圆周面（指针压入量约为 1.5 mm），用手慢慢旋转主轴，使百分表的触头沿零件的圆周面转动，观察百分表指针的偏移情况，通过多次反复调整机床 X、Y 向，待转动主轴一周时百分表的指针基本上停止在同一个位置，指针的跳动量在允许的对刀误差范围内，这时可以认定主轴的中心就是 X、Y 轴的原点。

5）对刀仪对刀法。在加工中心上加工零件，由于加工内容较多往往需要更换多把刀具，为了提高机床的使用效率，通常操作者在机床上通过各种方法获得一把标准刀具参数后，利用专业对刀设备来获取其他刀具相对于标准刀具的直径和长度差值，然后经过计算，把每把刀的数据参数输入到系统中，这种对刀的方法称为机外对刀法，也称为对刀仪对刀法。

（2）Z 向对刀

完成 X、Y 方向上的对刀后，必须取下对刀工具，换上基准刀具，进行 Z 向对刀操作。零件的 Z 向对刀通常采用试切对刀法和 Z 向对刀仪对刀法。

1）试切对刀法。Z 向的对刀点通常都是以零件的上下表面为基准的。若以零件的上表面为工件坐标系零点，则在采用试切对刀法时，需移动刀具到工件的上表面进行试切，并记录 CRT 显示屏中 Z 向"机床坐标系"的坐标值，即为工件坐标系原点在机床坐标系中的 Z 向坐标值。

2）Z 向对刀仪对刀法。Z 向对刀仪对刀法主要用于确定工件坐标系原点在机床坐标系的 Z 轴坐标，或者说是确定刀具在机床坐标系中的高度。Z 向对刀仪有光电式和指针式等类型，通过光电指示或指针判断刀具与对刀仪是否接触，对刀精度一般可达 0.005 mm。Z 向对刀仪带有磁性表座，可以牢固地附着在工件或夹具上，其高度一般为 50 mm 或 100 mm。图 2—11 所示为指针式 Z 向对刀仪。

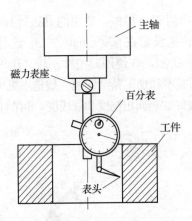

图 2—10　采用百分表对刀

图 2—11　指针式 Z 向对刀仪

3. 建立工件坐标系

（1）用 G92 指令建立工件坐标系

G92 指令在编程时放在程序的第一行，程序在运行 G92 指令时并不产生任何动作，只是根据 G92 后面的坐标值在相应的位置建立了一个工件坐标系。

格式：G92 X＿ Y＿ Z＿；

式中

G92——表示工件坐标系设定指令；

X、Y、Z——表示刀具当前位置相对于设定的工件坐标系的坐标值。

例：G92 X30.0 Y40.0 Z50.0；

系统通过执行程序段 G92 X30.0 Y40.0 Z50.0 设定一个工件坐标系，坐标系的原点即为系统根据 X30.0 Y40.0 Z50.0 反向推出的原点位置，如图 2—12 所示。

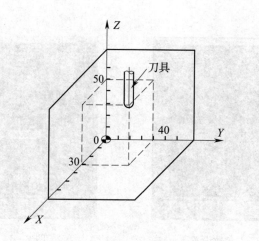

图 2—12　G92 坐标系原理

注意：

1）采用 G92 设定工件坐标系，不具有记忆功能。当机床关机后，设定的坐标系即消失。

2）在执行该指令前，刀具的刀位点必须先通过手动方式准确移动到设定坐标系的指定位置。

3）G92 设定坐标系的方法通常用于单件加工。

（2）用 G54～G59 指令建立工件坐标系

零件对刀的过程一般为：首先确定工件坐标系原点在机床坐标系中的坐标位置，然后将这些值通过机床操作面板输入到机床偏置存储器中，最后由程序 G54 指令调用后生效。在加工时用户根据需要最多可以设定 G54～G59 六个不同的工件坐标系。其参数的设置方法如下。

1）参数输入。在 MDI 键盘中连续按参数输入页面键 ![] 三次，进入 OFFSET 偏置设定坐标系窗口，如图 2—13 所示。

利用 MDI 键盘的光标键选择 G54 坐标系，或在键盘中输入"01"，在下一级软件菜单中选择"NO 检索"，系统将直接切换到 G54 坐标系。例如，通过对刀计算出工件坐标系原点在机床坐标系中的坐标值为（－300.000，－215.000，－150.000），从键盘中输入 X－300.0 后，数据将首先输入到输入域中，然后按输入键 ![INPUT]，系统将 X 向的 G54 参数输入，用同样的方法依次输入其他参数后如图 2—14 所示。

2）实例。如图 2—15 所示，编程路线为 $A \rightarrow B \rightarrow C \rightarrow D \rightarrow A$。工件坐标系原点在机床坐标系中的坐标为（X－300.0，Y－215.0）。

在 G54 界面中，利用 MDI 键盘输入 X－300.0，然后按输入键 ![INPUT]，设置 G54 的 X 坐标，用同样的方法设置 G54 的 Y 坐标为 Y－215.0。

参考程序见表 2—3。

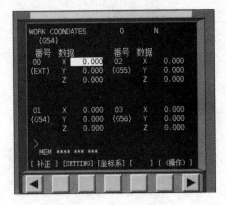

图2—13　G54参数设置

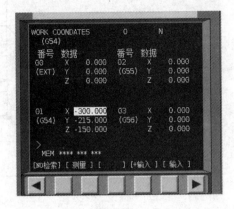

图2—14　输入参数

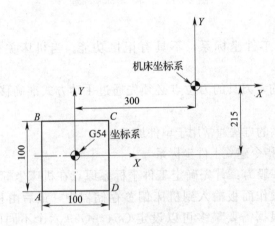

图2—15　建立工件坐标系

表2—3　　　　　　　　　　　　　参 考 程 序

程序	注释
O0001；	程序名
N10 G54 G00 X−50.0 Y−50.0；	建立工件坐标系，并快速移动到A点
N20 G01 X−50.0 Y50.0 F40；	到B点
N30 X50.0 Y50.0；	到C点
N40 X50.0 Y−50.0；	到D点
N50 X−50.0 Y−50.0；	到A点
N60 M30；	程序结束

五、程序的输入与编辑

1. 程序的新建与传输

程序的输入方法主要包括手工程序数据输入（MDI方式）、RS232串口通信输入。手工程序数据输入适用于零件较为简单，程序段较少的加工程序；RS232串口通信输入适用于零件结构较为复杂、通过自动编程生成的加工程序。

（1）新建一个程序

点击机床操作面板上的编辑键 ⬚，编辑状态指示灯变亮，系统进入编辑状态。点击MDI键盘上的 **PROG** 键，CRT显示屏转入编辑页面。利用MDI键盘输入"Oxxxx"（xxxx为程序号，注意程序号不能是系统已有的程序号），按 **INSERT** 键则程序号被输入，按下 **EOB E** 键，再按下 **INSERT** 键，则程序段结束符"；"被输入，CRT显示屏上显示一个新建的程序。

（2）程序的传输

在计算机上用文本编辑的 *.TXT 数控程序文件或用自动编程软件生成的 *.NC 程序，可以通过数控机床与计算机的网络连接，用厂家提供的通信软件将程序输入到数控系统中，操作方法如下。

1）点击机床操作面板的编辑键 ⬚，键上方的指示灯变亮，机床进入编辑状态。

2）点击MDI键盘上的 **PROG** 键，CRT显示屏转入编辑页面。

3）按软键操作键 [（操作）]⬚，在下一级界面中按软键 ▶ 翻页。

4）在MDI键盘上输入程序名，如O1234。

5）按软键操作键 [READ]⬚，接着按软键操作键 [EXEC]⬚，屏幕显示"标头SKP"表示接收准备就绪。

6）用机床通信软件打开所传输的加工程序并发送，程序即传输到数控机床。

2. 程序的编辑

点击机床操作面板的编辑键 ⬚，键上方的指示灯变亮，机床进入编辑状态。点击MDI键盘上的 **PROG** 键，CRT显示屏转入编辑页面。选定了一个数控程序后，此程序显示在CRT显示屏上，可对数控程序进行编辑操作。

（1）翻页及光标移动

MDI键盘上的 **PAGE↑** 和 **PAGE↓** 键用于加工程序的翻页。点击光标移动键 ← ↑ ↓ → 可以移动光标的位置。

（2）插入字符

先将光标移到所需位置，点击 MDI 键盘上的数字/字母键，将代码输入到输入域中，按 ▨ 键，把输入域的内容插入到光标所在代码后面。

（3）删除输入域中的数据

按 [CAN] 键用于删除输入域中的数据。

（4）删除字符

先将光标移到所需删除字符的位置，按 [DELETE] 键，删除光标所在处的代码。

（5）查找

输入需要搜索的字母或代码（代码可以是一个字母或一个完整的代码，例如："G01" "M"等），按 [↓] 开始在当前数控程序中光标所在位置后搜索。如果此数控程序中有所搜索的代码，则光标停留在找到的代码处；如果此数控程序中光标所在位置后没有所搜索的代码，则光标停留在原处。

（6）替换

先将光标移到所需替换字符的位置，将替换成的字符通过 MDI 键盘输入到输入域中，按 [ALTER] 键，用输入域的内容替代光标所在处的代码。

3. 程序管理

（1）选择程序

点击机床操作面板的编辑键 [◇]，再点击 MDI 键盘上的 [PROG] 键，CRT 显示屏转入编辑页面。利用 MDI 键盘输入"Oxxxx"（xxxx 为数控程序目录中显示的程序号），按 [↓] 键开始搜索，搜索到"Oxxxx"后 NC 程序显示在屏幕上。

（2）删除一个数控程序

点击操作面板上的编辑键 [◇]，编辑状态指示灯变亮，此时已进入编辑状态。利用 MDI 键盘输入"Oxxxx"（xxxx 为要删除的数控程序在目录中显示的程序号），按 MDI 键盘上的 [DELETE] 键，程序即被删除。

（3）删除全部数控程序

点击操作面板上的编辑键 [◇]，编辑状态指示灯变亮，此时已进入编辑状态。点击 MDI 键盘上的 [PROG] 键，CRT 显示屏转入编辑页面。利用 MDI 键盘输入"O—9999"，按 [DELETE] 键，全部数控程序即被删除。

六、程序校验与自动加工

1. 程序校验

通过数控系统的图形功能，在屏幕上绘出程序中的刀具轨迹，可以检查加工程序的轨迹是否正确。其操作流程如下。

（1）点击操作面板上的自动运行键 ⊡ ，自动状态指示灯变亮，系统进入到自动加工状态。

（2）点击 PROG 键，在 MDI 键盘上输入"Oxxxx"（ xxxx 为所需要检查运行轨迹的数控程序号），按 ↓ 开始搜索，找到后，程序显示在 CRT 显示屏上。

（3）点击 MDI 键盘上的图形参数设置页面键 CUSTOM GRAPH 。

（4）点击循环启动键 ⊡ ，即可进行程序校验，屏幕上同时绘制出刀具的运动轨迹。此时也可通过"视图"菜单中的动态旋转、动态放缩、动态平移等方式对三维运行轨迹进行全方位的动态观察。

2. 自动加工

（1）自动连续加工

1）点击操作面板上的自动运行键 ⊡ ，自动状态指示灯变亮，系统进入自动加工状态。

2）点击 PROG 键，在 MDI 键盘上输入"Oxxxx"（ xxxx 为所要运行的数控程序号），按 ↓ 开始搜索，找到后，程序显示在 CRT 显示屏上。

3）点击循环启动键 ⊡ ，即可进行加工。

（2）加工的暂停与停止

数控程序在执行的过程中可以根据需要暂停、停止或急停。

1）暂停。在加工的过程中点击进给保持键 ⊚ ，程序停止运行，再次点击循环启动键 ⊡ ，程序从暂停位置开始执行。

2）停止。在加工的过程中点击选择性停止键 ⊙ ，程序停止运行，再次点击循环启动键 ⊡ ，程序从开始位置执行。

3）急停。在加工的过程中按下急停键 ⊙ ，机床的所有动作将停止，再次加工时，机床需要进行回参考点操作。

（3）单段加工

1）点击操作面板上的自动运行键 ⊡ ，自动状态指示灯变亮，系统进入自动加工状态。

2）点击 PROG 键，在 MDI 键盘上输入"Oxxxx"（ xxxx 为所要运行的数控程序号），按 ↓ 开始搜索，找到后，程序显示在 CRT 显示屏上。

3）点击操作面板上的单节键 ⊡ ，单段执行指示灯变亮，系统进入单段加工状态。

4）依次点击循环启动键 ⊡ ，系统将一行一行地顺序执行加工程序。

七、数控机床的操作规程

1．机床启动前的注意事项

（1）数控机床启动前，要熟悉数控机床的性能、结构、传动原理、操作顺序及紧急停车方法。

（2）检查润滑油和齿轮箱内的油量情况。

（3）检查紧固螺钉，不得松动。

（4）清扫机床周围环境，保持机床和控制部分清洁，不得在取下罩盖时开动机床。

（5）校正刀具，并达到使用要求。

2．调整程序时的注意事项

（1）程序输入后，应认真核对保证无误，其中包括对代码、指令、地址、数值、正负号、小数点及语法的查对。

（2）不能编写超出机床加工能力的程序。

（3）程序检索时应注意光标所指位置是否合理、准确，并观察刀具与机床运动方向坐标是否正确。

（4）程序修改后，对修改部分一定要认真核对。

（5）程序调整好后，要再次检查，确认无误后，方可开始加工。

（6）在程序运行中，要重点观察数控系统上的几种显示。坐标显示，可了解目前刀具运动点在机床坐标系及工件坐标系中的位置，了解程序段的位移量等；工作寄存器和缓冲寄存器，可显示正在执行程序段和下一个程序段的内容。

3．机床运转中的注意事项

（1）机床启动后，必须监视其运转状态。

（2）确认切削液输出通畅，流量充足。

（3）机床运转时，不能调整刀具和测量工件尺寸；不能用手靠近刀具和工件。

（4）机床运转时，不能用毛刷清扫工件或刀具上的切屑。

（5）不能打开防护门。

4．加工完毕时的注意事项

（1）将各坐标轴停在中间位置。

（2）从刀具库中卸下刀具，按调整卡或程序单编号入库。

（3）卸下夹具，某些夹具应记录安装位置及方位，并做出记录、存档。

（4）关闭电源。

（5）清扫机床并涂防锈油。

第三节　数控铣床/加工中心的维护与保养

一、数控系统的日常维护

数控系统使用一定时间之后，某些元器件或机械部件总要损坏。为了延长元器件的使用寿命和零部件的磨损周期，防止各种故障、特别是恶性事故的发生，延长整台数控系统的使用寿命，需要对数控系统进行日常维护。具体日常维护的内容见表2—4，一般在维修说明书中都有明确的规定。

表2—4　　　　　　　　　　　数控系统的日常维护

事项	维护内容
清理数控系统的散热通风系统	①应每天检查数控系统上各个冷却风扇工作是否正常 ②每半年或每季度检查一次风道过滤器是否有堵塞现象。如过滤网上灰尘积聚过多，须及时清理，否则将会引起数控系统内温度过高（一般不允许超过55℃），致使数控系统不能可靠地工作，甚至发生过热报警现象
应尽量少开电器柜门	①机加工车间空气中一般都含有油雾、飘浮的灰尘甚至金属粉末。一旦它们落在数控系统内的印制电路板或电子器件上，容易引起器件间绝缘电阻下降，并导致元器件及印制电路板的损坏 ②除了进行必要的调整和维修，否则不允许随时开启柜门，更不允许加工时敞开柜门
定期检查伺服电动机	①直流伺服电动机旋转时，电刷会与换向器摩擦而逐渐磨损。电刷的过度磨损会影响电动机的工作性能，甚至损坏 ②应对电动机电刷进行定期检查和更换。检查周期随机床使用频率而异，一般为每半年或一年检查一次
电池需要定期更换	①存储器如采用CMOS部件，为了在数控系统不通电期间能保持存储的内容，设有可充电电池维持电路 ②在一般情况下，即使电池尚未失效，也应每年更换一次，以便确保系统能正常工作 ③电池的更换应在CNC装置通电状态下进行
监视数控系统用的电网电压	①数控系统通常允许电网电压在额定值的85%～110%范围内波动。如果超出此范围就会造成系统不能正常工作，甚至会引起数控系统内的电子部件损坏 ②需要经常监视数控系统用的电网电压
数控系统长期不用时的维护	①要经常给系统通电，特别是在环境湿度较高的梅雨季节 ②如果数控机床的进给轴和主轴采用直流电动机来驱动，应将电刷从直流电动机中取出，以免由于化学腐蚀作用使换向器表面腐蚀，造成换向性能变坏，使整台电动机损坏

二、数控机床的日常保养

不同型号数控机床的日常保养内容和要求不完全一样，总的来说主要包括以下几个方面：

1. 保持良好的润滑状态。定期检查、清洗自动润滑系统，添加或更换油脂、油液，使丝杠、导轨等各运动部位始终保持良好的润滑状态，以降低机械零件的磨损速度。

2. 进行机械精度的检查调整，以减少各运动部件之间的形状和位置偏差，包括换刀系统、工作台交换系统、丝杠、反向间隙等的检查调整。

3. 定期清扫。机床周围环境太脏、粉尘太多，会影响机床的正常运行；电路板太脏，可能产生短路现象；油水过滤器、过滤网等太脏，会造成压力不够、散热不好等问题，导致故障。

数控机床日常保养具体要求见表 2—5。

表 2—5   日常保养要求

序号	检查周期	检查部位	检查要求
1	每天	导轨润滑油箱	检查油标、油量，及时添加润滑油，润滑油泵能定时启动及停止
2	每天	X、Y、Z 轴向导轨面	清除切屑及脏物，检查润滑油是否充足，导轨面有无划伤损坏
3	每天	气动控制系统	气动控制系统压力应在正常范围
4	每天	气源自动分水滤气器	及时清理分水滤气器中滤出的水分，保证工作正常
5	每天	主轴润滑恒温油箱	工作正常，油量充足并调节温度范围
6	每天	机床液压系统	油箱、液压泵无异常噪声，压力指示正常，管路及各接头无泄漏，工作油面高度正常
7	每天	液压平衡系统	平衡压力指示正常，快速移动时平衡阀工作正常
8	每天	CNC 的输入/输出单元	对关键部件进行清洁
9	每天	各种电器柜散热通风装置	各电器柜冷却风扇工作正常，风道过滤网无堵塞
10	每天	各种防护装置	导轨、机床防护罩等应无松动、漏水
11	每半年	滚珠丝杠	清洗丝杠上旧的润滑脂，涂上新润滑脂
12	每半年	液压油路	清洗溢流阀、减压阀、滤油器，清洗油箱底，更换或过滤液压油
13	每半年	主轴润滑恒温油箱	清洗过滤器，更换润滑油
14	每年	直流伺服电动机电刷	检查换向器表面，吹净炭粉，去除毛刺，更换长度过短的电刷，并应跑合后使用
15	每年	润滑油泵、滤油器	清理润滑油池底，更换滤油器
16	不定期	各轴导轨上镶条、压滚轮松紧状态	按机床说明书调整

续表

序号	检查周期	检查部位	检查要求
17	不定期	切削液箱	检查液面高度，切削液太脏时需要更换并清理切削液箱底部，经常清洗过滤器
18	不定期	排屑器	经常清理切屑，检查有无卡住等
19	不定期	滤油池	及时取走滤油池中废油，以免外溢
20	不定期	主轴驱动带松紧状态	按机床说明书调整主轴驱动带松紧

三、数控铣床/加工中心的一般保养和维护步骤

1. 清理和保养数控机床

清理机床时，首先应着重清理如图 2—16 所示的工作台表面和导轨表面，这些表面的精度及清洁程度将直接影响工件的加工质量。然后清理机床的防护装置（包括机床外壳和切屑防护装置）。

2. 机床电器部分的维护

机床开机前，应关紧电器柜柜门，以确保如图 2—17 所示的门开关被按下，从而接通机床电源。如果电器柜柜门未关闭，门开关没有被按下，数控系统电源将不能被接通。

清洗如图 2—18 所示的空气过滤器，空气过滤器一般位于电器柜的柜门上。

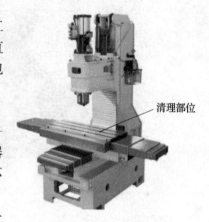

图 2—16　清理部位

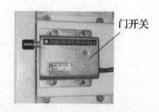

图 2—17　数控机床门开关

图 2—18　空气过滤器

3. 机床冷却润滑装置的维护

检查润滑油的高度，润滑油的高度应位于如图 2—19 所示高位刻线和低位刻线之间。当润滑油的高度低于低位刻线时应及时加油，否则会产生缺油报警。

机床开机后，检查气压是否正常，听一听机床是否有漏气的部位，检查如图 2—20 所示气枪是否通气顺畅。然后，检查如图 2—21 所示切削液箱（该装置一般位于机床床身底部）中的切削液高度是否合适。

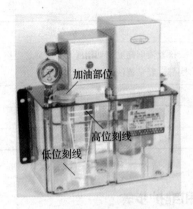

图 2—19　油位高度　　　　　　　　　　图 2—20　气枪

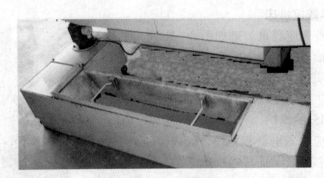

图 2—21　切削液箱

第三章

数控铣仿真加工

第一节　仿真软件的使用

数控加工仿真是采用计算机图形学的手段对加工轨迹、零件切削过程进行模拟，具有快速、逼真、成本低等优点。它采用可视化技术，模拟实际的加工过程，在计算机上实现车、铣的仿真加工。它还提供错误信息反馈和程序优化功能，使技术人员及时发现生产过程中的不足，有效提高了数控加工的可靠性和高效性。数控加工仿真代替了试切轨迹检查的方法，大大提高了数控机床的利用率和使用寿命，因此，在机械加工行业得到了越来越广泛的应用。目前，国内应用较多的数控加工仿真软件有上海宇龙软件工程有限公司的宇龙数控加工仿真软件、北京市斐克科技有限责任公司的 VNUC 仿真软件、南京宇航自动化技术研究所的宇航数控仿真软件、南京斯沃软件技术有限公司的斯沃数控仿真软件以及由美国 CGTech 公司开发的 VERICUT 仿真软件等。

下面以上海宇龙软件工程有限公司开发的宇龙数控加工仿真软件 5.0 为例，介绍数控铣床/加工中心的仿真加工操作。

一、启动仿真软件

1. 打开加密锁程序

在开始菜单中选择"所有程序"→"数控加工仿真软件"→"加密锁管理程序"命令，启动加密锁程序。此时在屏幕的右下角会显示一个加密锁图标 ▣ 。鼠标右键单击加密锁图标会弹出快捷菜单，用户可以通过操作对模式进行设置。系统提供了练习、授课和考试三种模式。

（1）练习模式

用于练习，教师机和学生机可以单独自由操作。

（2）授课模式

用于同步教学，教师机控制学生机显示教师机的内容。

（3）考试模式

用于仿真操作考试，并可以根据制定好的评分标准实现自动评分。

2. 用户登录

从桌面上双击数控加工仿真软件图标 ▣ ，或从开始菜单中选择"所有程序"→"数控加工仿真软件"命令，系统弹出登录界面，如图 3—1 所示。

图 3—1　登录界面

在登录界面中，系统提供了快速登录和考试登录两种登录方式，用户可以根据需要分别进入不同的模块进行操作。在登录界面中点击"快速登录"键，系统即可进入自由练习模块；通过输入由管理员提供的用户名和密码并点击"确定"键，可进入数控考试模块中。点击"取消"键，系统退出登录界面。

二、仿真软件界面

在登录界面上点击"快速登录"键，进入仿真软件，如图 3—2 所示。在数控加工仿真界面中包含标题栏、菜单栏、工具栏、状态栏、提示信息栏、仿真区域、系统面板和机床操作面板。

1. 标题栏
保存或打开项目后在标题栏中将显示当前项目的文件名。

2. 菜单栏
菜单栏包含了数控加工仿真软件的所有应用功能。

3. 工具栏
工具栏由菜单栏中的一些常用功能的快捷键组成，与菜单栏中的功能完全相同。

4. 状态栏
显示当前所引入的模块。

5. 提示信息栏
显示当前键功能的说明。

6. 仿真区域
显示三维机床及图形轨迹，并能动态旋转、缩放、移动图形文件。

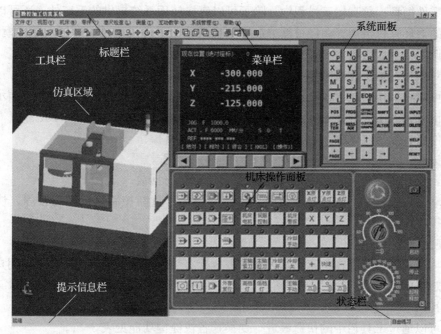

图 3—2　数控加工仿真界面

7．系统面板和机床操作面板

模拟真实的系统面板和机床操作面板，通过该面板可对仿真机床进行操作。

三、仿真软件基本功能

1．文件操作

（1）对项目文件的操作

点击"文件"菜单，系统弹出文件下拉菜单，在该菜单中包括：新建项目、打开项目、保存项目、另存为项目、导入零件模型、导出零件模型、开始记录、结束记录、演示等功能。

新建项目：新建一个项目，并使仿真软件初始化。

打开项目：选择打开项目命令，用户可以打开一个后缀名为".MAC"的项目文件。

保存项目：对操作内容进行保存。保存的内容包括：所选机床、毛坯、加工成型后的零件、刀具、夹具、输入的程序、坐标系参数、刀具参数，但不包括操作过程。

另存为项目：给当前项目指定一个新的保存路径。

（2）对零件模型文件的操作

如果在仿真加工中所需要的毛坯来自上一个工序，用户可以利用系统提供的"导入/导出零件模型"命令对毛坯进行管理，零件模型文件以".PRT"为扩展名。

导出零件模型：这个功能可以把经过部分加工的零件保存起来，作为下道工序的毛坯使用。

导入零件模型：仿真加工过程中，除了可以直接使用系统提供的毛坯外，还可以对经过部分加工的毛坯进行再加工。经过部分加工的毛坯称为零件模型，通过导入零件模型命令，用户可以调用一个后缀名为".PRT"的毛坯文件。

（3）对操作过程文件的操作

用户可以将操作的过程以文件的形式进行记录，并可以对操作过程进行回放演示。

开始记录：点击"开始记录"，系统弹出"另存为"对话框，输入后缀名为".OPR"的记录文件名，点击"保存"，系统开始记录用户的所有操作。

结束记录：点击"结束记录"，系统将终止当前的记录。

演示：打开后缀名为".OPR"的操作记录文件进行回放。

在自动回放过程中，按 PC 键盘的"Shift"键，可重新控制鼠标进行暂停、快进、重播、退出等操作。

2．视图操作

选择"视图"命令或在机床仿真区域单击鼠标右键，系统会弹出视图菜单，用户可以根据需要对观察的角度进行设置。

（1）视图变换

视图可以通过工具栏中的快捷键进行变换，各快捷键功能见表 3—1。

表 3—1　　　　　　　　　　　　快捷键功能

快捷键	功能	快捷键	功能
	复位		绕 Z 轴旋转
	局部放大		左侧视图
	动态缩放		右侧视图
	动态平移		俯视图
	动态旋转		前视图
	绕 X 轴旋转		选项
	绕 Y 轴旋转		操作面板切换

（2）操作面板切换

在视图菜单中选择"操作面板切换"命令或单击工具栏中 ⬚ 键，系统即可对显示界面进行切换。未选"操作面板切换"时，机床操作面板将隐藏；反之，将显示机床操作面板。

（3）选项

在视图菜单栏中选择"选项…"命令或在工具栏中点击 ![icon]键，系统弹出"视图选项"对话框，如图3—3所示。

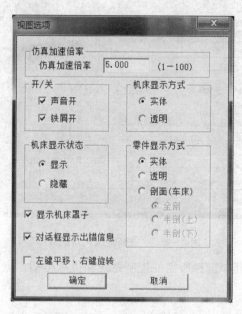

图3—3 "视图选项"对话框

仿真加速倍率：可以设置仿真的速度，有效数值范围是1~100，数值越大，仿真速度越快。

开/关：用于设置声音和铁屑的状态。

机床显示状态：设置机床的显示状态，显示状态分为显示、隐藏。

机床显示方式：设置机床的显示方式，系统提供了实体、透明两种方式。

零件显示方式：设置零件的显示方式，系统提供了实体、透明和剖面三种方式，其中剖面用于车床零件显示。

显示机床罩子：不选中此选项系统将隐藏仿真机床的防护罩。

对话框显示出错信息：选中此选项，则出错信息提示将以对话框的方式显示；否则，出错信息将显示在屏幕的右下角。

左键平移、右键旋转：选中此选项，在仿真区域单击鼠标左键平移；单击鼠标右键旋转。

3. 选择机床

进入到仿真软件界面后，首先应选择机床的类型及控制系统。在菜单栏中选择"机床"→"选择机床"命令或在工具栏中点击 ![icon]图标，系统将弹出"选择机床"对话框，如图3—4所示。

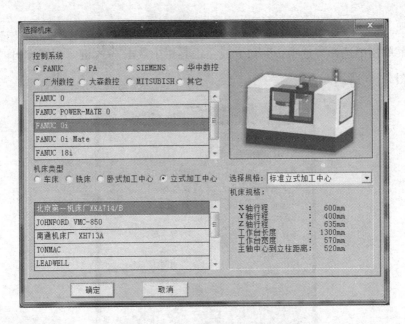

图3—4 "选择机床"对话框

在"选择机床"对话框中选择所需的控制系统和机床类型，点击"确定"键，系统便进入相应的仿真模块。

4. 零件操作

（1）定义毛坯

系统提供的毛坯形状有长方形和圆柱形。选择菜单栏中的"零件"→"定义毛坯"命令或在工具栏中点击 图标，系统会弹出"定义毛坯"对话框，如图3—5所示。

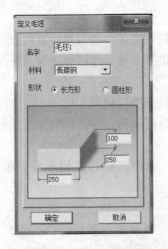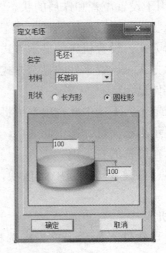

图3—5 "定义毛坯"对话框

在对话框中输入相应的毛坯参数，点击"确定"键，系统退出"定义毛坯"对话框。

（2）安装夹具

选择菜单栏中的"零件"→"安装夹具"命令或点击工具栏中的 图标，系统会弹出"选择夹具"对话框。如图3—6所示，选择的夹具是工艺板。

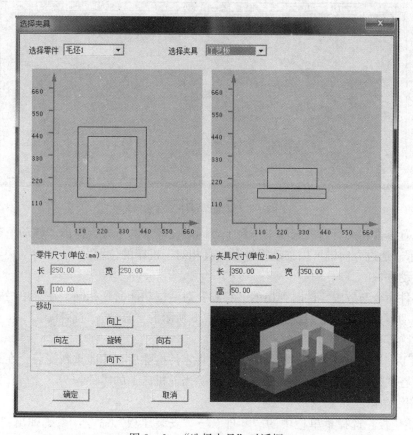

图3—6　"选择夹具"对话框

选择零件：选择已定义的毛坯。

选择夹具：选择所需要的夹具，系统根据毛坯的形状不同提供了工艺板、平口钳和卡盘三种夹具。选后在预览框中显示出夹具和毛坯。

零件尺寸：显示出定义毛坯时零件的尺寸。

夹具尺寸：用户可对工艺板的尺寸进行设置，平口钳、卡盘的尺寸由系统根据毛坯尺寸自动定义，不能修改。

移动：用于调整毛坯相对于夹具的位置。

（3）放置零件

选择菜单栏中的"零件"→"放置零件"命令或点击工具栏中的 图标，系统弹出"选择零件"对话框，如图3—7所示。

在列表中单击所需的零件，选中的零件信息将会高亮显示，点击"安装零件"键，系

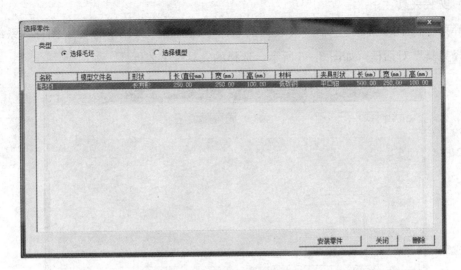

图 3—7　"选择零件"对话框

统将自动放置零件和夹具到机床的工作台上，同时在屏幕的下方会弹出"移动"对话框，如图 3—8 所示。通过方向键可以移动零件和夹具相对于机床的位置。

（4）移动零件

移动零件命令与放置零件时弹出的"移动"对话框功能命令相同。在菜单栏中选择"零件"→"移动零件"命令，系统会弹出如图 3—8 所示的"移动"对话框。

（5）拆除零件

零件加工完毕，需要更换新零件时，只有将零件拆除后，才能重新安装。在菜单栏中选择"零件"→"拆除零件"命令，系统将会拆除当前机床上的零件。

（6）压板操作

1）安装压板。选择菜单栏中的"零件"→"安装压板"命令，系统弹出"选择压板"对话框，如图 3—9 所示。

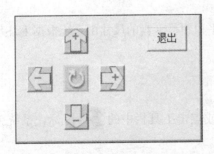

图 3—8　"移动"对话框

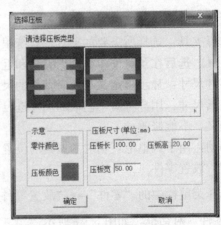

图 3—9　"选择压板"对话框

在"选择压板"对话框中用户可以根据需要选择压板的类型，并对压板的尺寸进行设置。点击"确定"键后，压板被安装在工作台上，如图3—10所示。

2）移动压板。为了防止刀具与压板干涉，用户可以选择菜单栏中的"零件"→"移动压板"命令，从绘图区中选择要移动的压板，利用弹出的"移动"对话框可以实现压板的移动。

图3—10 安装压板

3）拆除压板。选择菜单栏中的"零件"→"拆除压板"命令，系统将拆除安装的压板。

5. 刀具选择与安装

选择菜单栏中的"机床"→"选择刀具"命令，系统弹出"选择铣刀"对话框，如图3—11所示。

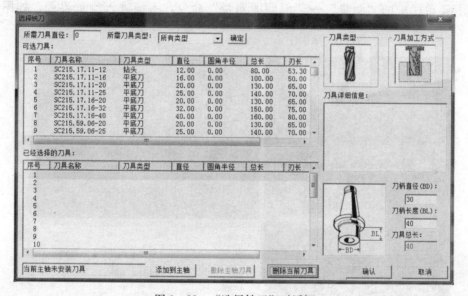

图3—11 "选择铣刀"对话框

在图3—11中选择刀具的类型和尺寸规格，并将刀具装入到与程序指定的刀具号相对应的刀具库中，供程序加工运行时调用。一般的选刀步骤为：

（1）筛选刀具

在"所需刀具直径"输入框中输入刀具的直径；在"所需刀具类型"列表框中选择刀具类型，可供选择的刀具类型有平底刀、平底带R刀、球头刀、钻头等。按"确定"键，符合条件的刀具将显示在"可选刀具"列表框中。

（2）指定刀位号

在"已经选择的刀具"列表框中指定序号，这个序号即刀具库中的刀位号。

（3）选择刀具

从"可选刀具"列表框中点击所需刀具，选中的刀具对应显示在"已经选择的刀具"列表框中选中的序号所在行。

（4）安装刀具

系统提供了添加到主轴和确认两种安装刀具方式。点击"添加到主轴"键，系统将定义的刀具直接安装在主轴上；点击"确认"键，系统将定义的刀具放置在刀具库中，供程序执行时进行调用。

（5）删除刀具

系统提供了撤除主轴刀具和删除当前刀具两种删除刀具方法。选择"撤除主轴刀具"键，系统将把主轴上当前的刀具放置到刀具库中；从"已经选择的刀具"列表框中选择要删除的刀具，点击"删除当前刀具"键，系统将删除所选刀具。

6．零件测量

零件的测量采用系统提供的"剖面图测量"方法，即通过移动三个基准平面（XY、XZ、YZ平面），利用卡尺对该面的尺寸进行测量。

选择菜单栏中的"测量"→"剖面图测量"命令，系统进入测量界面，如图3—12所示。

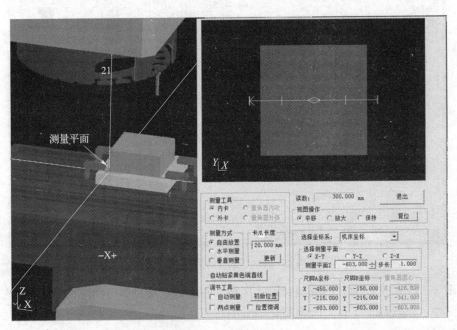

图3—12　测量界面

（1）视图操作

选择"视图操作"的"平移"或"放大"，用鼠标在上方的预览框中拖动，可对零件及卡尺进行平移或放大的视图操作；选择"保持"时，将不能对视图进行操作。单击"复位"键，视图将恢复到初始状态。

（2）选择测量平面

在图3—12中的"选择坐标系"列表框中，用户可以选择机床坐标系、G54～G59、当前坐标系、工件坐标系等几种不同的坐标系来显示坐标值。

在"选择测量平面"选项中，系统提供了"X—Y、Y—Z 和 Z—X"三个平面。用户定义平面后，输入测量平面的具体位置或按旁边的上下键移动测量平面，移动的步长可以通过右边的输入框定义。在左侧的机床视图中绿色的测量平面随之移动，同时右边预览框中显示出在测量平面上零件的截面形状及卡尺的位置，如图 3—12 所示。

（3）测量工具

在"测量工具"选项中，系统提供了内卡和外卡两种测量工具，内卡用于测量零件的内轮廓尺寸，外卡用于测量零件的外轮廓尺寸。

（4）测量方式

自由放置：用户可以随意拖动和旋转卡尺位置。

水平测量：水平测量是指在系统 X 坐标轴方向上对零件进行测量。

垂直测量：垂直测量是指在系统 Y 坐标轴方向上对零件进行测量。

卡爪长度：非两点测量时，可以修改卡爪的长度，单击"更新"后生效。

系统提供的卡尺如图 3—13 所示。

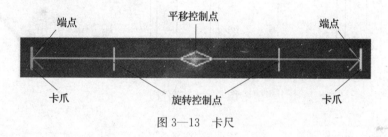

图 3—13　卡尺

用户可以对卡尺位置进行调整，将光标移动到某个端点箭头处，鼠标变为 ✛，此时可以移动该端点，在屏幕的右下角的"尺脚 A 坐标"和"尺脚 B 坐标"将显示该卡爪的坐标；在"自由放置"测量方式下将光标移动到旋转控制点附近，鼠标变为 ⟳，这时可以绕中心旋转卡尺；将光标移动到中心控制点附近，鼠标变为 ✛，拖动鼠标即可移动卡尺当前的位置。

（5）调节工具

使用调节工具调整卡尺位置，获取卡尺读数。

自动测量：选中该选项，卡爪自动贴紧被测零件的表面，并将读数显示在"读数"后面的文本框中。此时平移或旋转卡尺，卡爪将始终保持与零件表面接触，读数自动更新。

两点测量：选中该选项，卡爪长度为零。

位置微调：选中该选项可对卡尺进行细微的调整。

初始位置：点击此键可使卡尺恢复到初始位置。

（6）自动贴紧黄色端直线

在卡尺自由放置且非两点测量时，为了调节卡尺使之与零件相切，防止测量误差，点击"自动贴紧黄色端直线"键，卡尺的黄色端卡爪自动沿尺身方向移动直到碰到零件，然后尺身旋转使卡爪与零件相切，这时再选择自动测量，就能得到零件轮廓线间的精确距离。

第二节　仿真加工实例

一、零件图样及加工要求

如图 3—14 所示的零件，材料为 45 钢，毛坯为 100 mm×100 mm×20 mm，已知毛坯外形已经加工到尺寸，要求使用宇龙数控加工仿真软件对图中的台阶进行仿真加工。

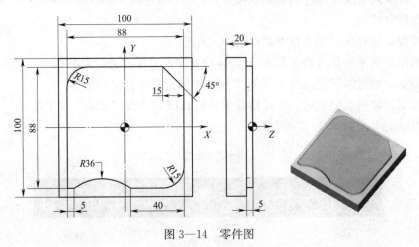

图 3—14　零件图

二、工艺分析

1. 确定刀具路径

编程原点位于工件上表面的中心，其刀具路径为"1 点→2 点…11 点→1 点"，如图 3—15 所示。

2. 选择夹具

毛坯的外形为已加工表面，可以作为加工的基准面。毛坯的形状为规则长方体，尺寸较大，选择工艺板为装夹工具。

3. 选择刀具

采用 ϕ20 mm 的立铣刀，主轴转速为 600 r/min，进给速度为 150 mm/min。

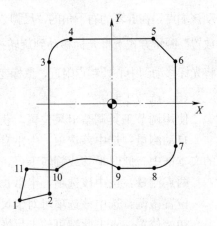

图 3—15　刀具路径

三、参考程序

图 3—14 所示零件的数控加工参考程序如下：

O0001;

N100　G21 G40 G49 G80 G90 G94 G54；

N110　G91 G28 Z0；

N120　T01 M06；

N130　M03 S600；

N140　G90 G00 X－80.0 Y－80.0；

N150　Z5.0；

N160　G01 Z－5.0 F150；

N170　G41G01 X－44.0 Y－60.0 F150 D01；

N180　Y29.0；

N190　G02 X－29.0 Y44.0 R15.0；

N200　G01 X29.0；

N210　X44.0 Y29.0；

N220　Y－29.0；

N230　G02 X29.0 Y－44.0 R15.0；

N240　G01 X4.0；

N250　G03 X－39.0 Y－44.0 R36.0；

N260　G01 X－60.0；

N270　G40 G00 X－80.0 Y－80.0；

N280　Z100.0；

N290　X0 Y0；

N300　M05；

N310　M30；

 提示

将此程序输入到记事本中，并保存在"我的文档"中，文件名为01.txt，以便操作时调用程序。

四、仿真操作过程

仿真操作的加工步骤为：选择机床、机床回零、安装工件、对刀、参数设置、输入程序、轨迹检查、自动加工。

1. 选择机床

进入到仿真软件界面后，在菜单栏中选择"机床"→"选择机床"命令或在工具栏中点击 ⌨ 图标，系统将弹出"选择机床"对话框，如图3—16所示。

按图3—16所示设置控制系统和机床类型，点击"确定"键，系统便进入相应的仿真模块。

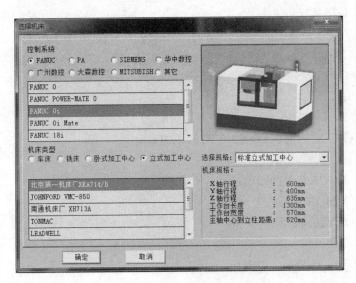

图 3—16　"选择机床"对话框

2. 机床回零

机床在开机后第一项工作就是建立机床坐标系，建立机床坐标系的方法是，开机后使机床各坐标轴都回机床原点，在数控操作中通常称为"回零"。操作步骤如下：

（1）点击启动键 <!-- 启动 -->，给数控仿真系统通电，此时机床操作面板的"机床电机"和"伺服控制"键上方的指示灯变亮。

（2）点击急停键 以松开急停键。

（3）点击回原点键，使系统处在回零状态，点击 Z 轴选择键 Z 、再点击正向移动键 + 后系统 Z 轴回原点。用同样的方法使 X 轴和 Y 轴回原点，此时相应坐标轴上方的指示灯变亮，CRT 显示屏显示各坐标轴的数值为零，如图 3—17 所示。

3. 安装工件

（1）定义毛坯

选择菜单栏中的"零件"→"定义毛坯"命令或在工具栏中点击 图标，系统会弹出"定义毛坯"对话框，按图 3—18 所示。设置毛坯尺寸高 20 mm、长 100 mm、宽 100 mm，名字命名采用默认，并单击"确定"键。

（2）安装夹具

选择菜单栏中的"零件"→"安装夹具"命令或点击工具栏中的 图标，系统会弹出"选择夹具"对话框，如图 3—19 所示。设置工艺板的长、宽、高分别为 200 mm、200 mm 和 50 mm，点击"确定"退出。

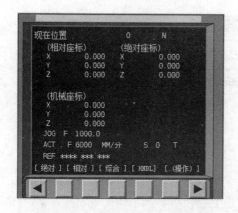

图3—17 回零后的CRT显示屏

图3—18 "定义毛坯"对话框

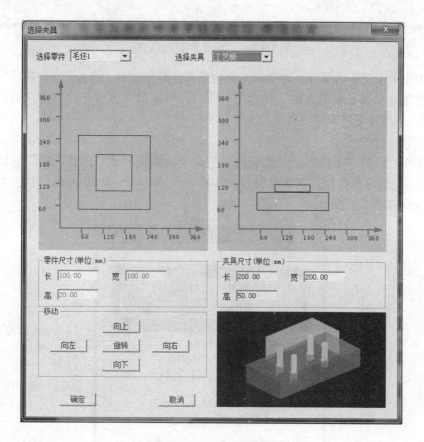

图3—19 设置工艺板

（3）放置零件

选择菜单栏中的"零件"→"放置零件"命令或点击工具栏中的 图标，系统弹出"选择零件"对话框，如图3—20所示。

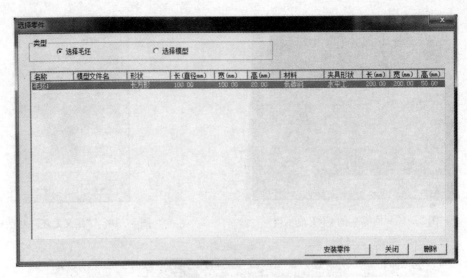

图 3—20　"选择零件"对话框

在列表中单击所需的零件，选中的零件信息将会高亮显示，点击"安装零件"键，系统将自动放置零件和夹具到机床的工作台上，同时在屏幕的下方弹出"移动"对话框，单击"退出"键，系统将毛坯安装在机床的工作台上。

（4）安装压板

选择菜单栏中的"零件"→"安装压板"命令，系统弹出"选择压板"对话框，如图3—21所示。设置压板的长、宽和高分别为 100 mm、50 mm 和 10 mm，点击"确定"键，系统将压板安装在工艺板上。

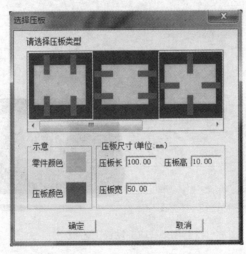

图 3—21　"选择压板"对话框

4．对刀

数控程序的编制一般是按照工件坐标系进行。而数控机床对零件的加工则是相对于机床坐标系的。对刀的过程就是建立工件坐标系与机床坐标系之间的关系。

（1）X、Y向对刀

这里以常用的刚性靠棒对刀法为例来介绍对刀方法及过程。

选择菜单栏中的"机床"→"基准工具"命令，或者在工具条上选择 ✛ 图标，系统弹出"基准工具"对话框，如图3—22所示。左边的是刚性靠棒，右边的是寻边器。选择刚性靠棒，然后按"确定"键，系统安装刚性靠棒到主轴上。

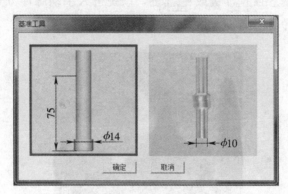

图3—22 "基准工具"对话框

点击机床操作面板的手动键 〔ﾊﾊﾊﾊ〕，手动键上方的指示灯变亮，仿真软件进入手动模式。借助"视图"菜单中的左侧视图、右侧视图、前视图、动态缩放等工具，通过选择 〔X〕〔Y〕〔Z〕键和 〔+〔快速〕—〕键，将机床移动到如图3—23所示的大致位置。

选择菜单栏中的"塞尺检查"→"1 mm"命令，系统在零件与基准工具之间插入塞尺。在机床下方显示局部放大图，如图3—24所示。

图3—23 手动移动工件

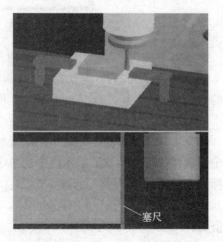

图3—24 塞尺检查

提示

刚性靠棒采用检查塞尺松紧的方式对刀。塞尺有各种不同尺寸，可以根据需要调用。系统中提供的塞尺规格有 0.05 mm、0.1 mm、0.2 mm、1 mm、2 mm、3 mm、100 mm（量块）。

单击机床操作面板上的 ▦ 键或 ⊚ 键，系统进入手动脉冲方式，点击屏幕右下角 ▣ 图标显示系统手轮，如图 3—25 所示。

图 3—25　手轮操作

将手轮轴选择旋钮置于 X 挡（在旋钮上单击鼠标右键或左键可使旋钮顺时针旋转或逆时针旋转），调节手轮进给倍率旋钮，在手轮上单击鼠标左键或右键移动刚性靠棒，使得提示信息对话框显示"塞尺检查的结果：合适"，如图 3—26 所示。

图 3—26　检查结果提示

计算对刀点到工件坐标系原点的距离。将工件坐标系原点到 X 方向基准边的距离记为 X_1，塞尺厚度记为 X_2（此处为 1 mm），基准工具直径记为 X_3，则对刀点到工件坐标系原点的 X_D 方向距离为 $X_1 + X_2 + X_3/2$，即

$$X_D = X_1 + X_2 + X_3/2 = 50 + 1 + 7 = 58 \text{ mm}$$

计算工件坐标系原点相对于机床坐标系原点的偏置值。将对刀点在机床坐标系中的坐标值记为 X_4（即此时 CRT 显示屏中的机床坐标值为 X—242.000），则工件坐标系原点在机床坐标系中的 X 向偏置值为 $X = X_4 \pm X_D$（式中的正负号由对刀点在工件原点的正向或负向确定），本例对刀点位于工件原点的正向，因此，工件坐标系原点相对于机床坐标系原点的偏置值为：

$$X = -242 - 58 = -300.00 \text{ mm}$$

用同样的方法得到 Y_D 值，即 $Y_D = 58$ mm，并计算出 Y 轴的工件坐标系原点相对于机床坐标系原点的偏置值为 —215.00 mm。

完成 X、Y 方向对刀后，点击菜单栏中的"塞尺检查"→"收回塞尺"命令，系统收回塞尺，将机床转入手动操作状态，点击 Z 和 + 键将 Z 轴提起，再选择菜单栏中的"机床"→"拆除工具"命令，拆除基准工具。

（2）Z 向对刀

数控铣床 Z 向对刀时采用实际加工所需要使用的刀具，对刀前应将刀具安装到主轴上。常用的 Z 向对刀法有塞尺检查法和试切法，此处介绍塞尺检查法。

立式加工中心的装刀方法有两种：一是在"选择刀具"对话框中直接将刀具添加到主轴上，二是用 MDI 方式将刀具库中的刀具添加到主轴上。这里介绍使用 MDI 方式装刀。

选择菜单栏中的"机床"→"选择刀具"命令，或点击工具栏上的选择刀具 图标，在列表框中选择刀具名称为 SC216.19.06−20，直径 20 mm，刀长 60 mm 的硬质合金平底刀。点击"确定"键，系统将刀具添加到刀具库中，如图 3—27 所示。

依次点击机床操作面板上的 键和系统面板上的 PROG 键，CRT 显示屏显示为"程式（MDI）"，系统进入到 MDI 运行模式。利用系统面板键盘输入如下指令：

G91 G28 Z0；

T01 M06；

使用光标键使光标返回到程序开始，点击循环启动 键，一号刀具被安装在主轴上，如图 3—28 所示。

图 3—27　添加刀具到刀具库

图 3—28　安装刀具到主轴

点击机床操作面板上的手动键 ，借助"视图"菜单中的左侧视图、右侧视图、前视图、动态缩放等工具，通过选择 X Y Z 键和 + 快速 − 键，将刀具移动到零件上方附近。

用类似在 X、Y 方向对刀的方法进行塞尺检查（塞尺厚度为 1 mm），得到"塞尺检查的结果：合适"时，记下此时 CRT 显示屏中 Z 向机床坐标系中的坐标值−553，则工件坐标系原点在机床坐标系中的 Z 向偏置值为−553−1＝−554 mm。

5. 参数设置

（1）刀具补偿值的设定

点击系统操作面板上的 OFFSET SETTING 键，屏幕显示"工具补正"窗口，将光标移动到"形状（D）"处，利用 MDI 键盘输入"10.0"，点击输入键 INPUT 或按软键"输入"，设置刀具半径补偿值为 10 mm，如图 3—29 所示。

（2）设置刀具偏置（G54）

点击系统操作面板上的 OFFSET SETTING 键，选择软键坐标系键 [坐标系]，系统进入偏置设定坐标系窗口，按 ↓ 键将光标移动到 01（G54）中的 X 0.000 框中，利用 MDI 键盘输入"X－300.000"，点击输入键 INPUT 将 X 向的偏置尺寸输入系统。用同样的方法输入"Y－215.000、Z－554.000"到 G54 中，如图 3—30 所示。

图 3—29　设置刀具半径补偿值

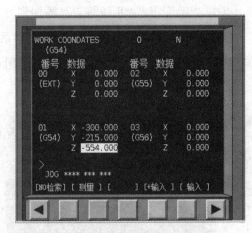

图 3—30　G54 参数设置

6. 输入程序

数控程序可以通过记事本或写字板等编辑软件输入并保存为文本格式文件，也可以直接用系统的 MDI 键盘输入。此处调用被保存在"我的文档"中的 01. txt 文件，操作步骤如下：

依次点击机床操作面板上的编辑键 ⟨⟩ 和系统面板上的 PROG 键，CRT 显示屏显示程序界面，如图 3—31 所示。

在程序界面点击软键"操作"→"▶"，从 MDI 键盘上输入 O0001，点击软键"READ"→"EXEC"，系统处于接收状态，如图 3—32 所示。

选择菜单栏中的"机床"→"DNC 传送"命令，或点击工具栏中的 🖥 图标，在系统弹出的"打开"文件对话框中选择 01. txt 文件，点击"打开"，数控程序被调入系统中，如图 3—33 所示。

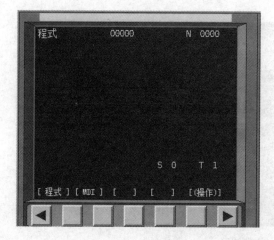

图 3—31　程序界面

图 3—32　准备接收程序

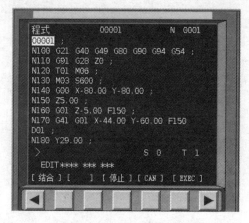

图 3—33　调入数控程序

7.　轨迹检查

数控程序输入后，通过检查刀具运动轨迹来确定其编写是否正确。

依次点击机床操作面板上的自动运行键 和系统面板上的

键，系统将隐藏仿真机床，进入轨迹检查界面。点击循环启

动键 ，即可观察数控程序的运行轨迹。此时通过"视图"菜

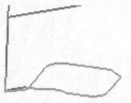

单中的动态旋转、动态缩放、动态平移等方式可以对仿真轨迹进行

全方位观察，如图 3—34 所示。

图 3—34　仿真轨迹

8.　自动加工

所有工作都准备好之后，要进行零件的自动加工。

在自动轨迹检查模式下，再次点击 键，系统将显示仿真机床。点击循环启动键

，即可观察数控程序的仿真加工，仿真结果如图 3—35 所示。

图 3—35　仿真结果

第四章

平 面 加 工

第一节 平面类零件加工

一、平面类零件的特征

零件上的平面根据功能特点可分为连接平面、配合平面和普通平面。这些平面按空间结构上的位置又可以分为水平面、垂直面和斜面。如图4—1所示，*A*面与*B*面是相互垂直的平面，*C*面是与水平面成一定夹角的斜平面。平面类零件是数控铣加工对象中较为简单的一类，平面的加工是数控加工操作的基本技能之一。

图4—1 平面示意图

二、平面类零件的技术要求

平面类零件的技术要求一般包括平面度、平面的尺寸精度、平面的位置精度和表面粗糙度。

铣削加工的平面是否平整以平面度来衡量（见图4—2）。在数控铣削加工中，平面的平面度主要由机床精度、加工方法、工件的装夹和切削参数来保证。

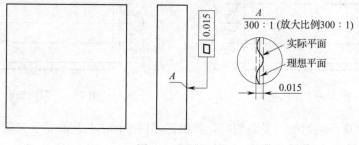

图4—2 平面度

平面的尺寸精度是指面与面之间的尺寸精度要求。平面的位置精度主要包括平面与平面之间的垂直度、倾斜度和平行度。平面的位置精度主要由加工方法、走刀路线、刀具的选择、工件的装夹和切削用量来保证。

在平面加工过程中影响表面粗糙度的因素有很多，如加工方法、切削参数、刀具和夹具的刚度等。铣削平面的表面粗糙度值可达 $Ra1.6\sim3.2\ \mu m$。

三、平面铣削刀具

平面铣削刀具的选择应综合考虑工件的材质、加工部位的形状、机床和夹具的刚度以及刀具的耐用度等因素。一般情况下应优先选用硬质合金可转位面铣刀。

可转位面铣刀由刀体和刀片组成，如图 4—3 所示。可转位面铣刀由于刀片耐用度高，大大提高了加工效率和工件表面质量。另外，刀片的切削刃在磨钝后，无须刃磨刀片，只需更换新刀片，因此，这种铣刀在数控加工中得到了广泛的应用。

图 4—3　可转位面铣刀

四、平面铣削路线

对于较大的平面，刀具的直径相对较小，不能一次切除整个平面，因此，需要采用多次走刀来完成平面的加工。在确定加工路线时，应根据加工平面的大小、刀具直径以及加工精度来设计铣削路线。

数控铣床上大平面的铣削一般可以采用单向铣削和双向铣削的方法。单向铣削是指每次的进刀路线都是从零件一侧向另一侧加工，即刀具从每条刀具路径的起始位置到终止位置后，快速抬刀返回到下一个刀具路径的起始位置，再次加工，如图 4—4 所示。双向铣削路线如图 4—5 所示，它比单向铣削的效率高，加工时刀具从每行的起始位置到结束位置后，不抬刀，沿着另一个轴的方向移动一个距离，然后沿着反向移动到另一侧。

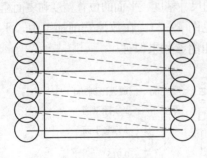

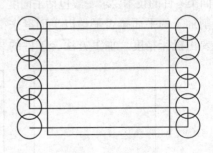

图 4—4　单向铣削　　　　　　　　　　　　图 4—5　双向铣削

在设计大平面铣削时的刀具路线时，要根据零件平面的长度和宽度来确定刀具起始点的位置以及相邻两条刀具路线的距离（又称步距）。

由于面铣刀一般不允许 Z 向切削，故起始点的位置应选在零件轮廓以外。一般来说，粗铣和精铣时起始点的位置 $S > D/2$（D 为刀具直径），如图4—6所示。为了保证刀具在下刀时不与零件发生切削，通常 S 的取值为刀具半径加上 $3 \sim 5$ mm。终止点位置 E 在粗加工时 $E > 0$ 即可，精加工时为了保证零件的表面质量，$E > D/2$，使刀具完全离开加工面。

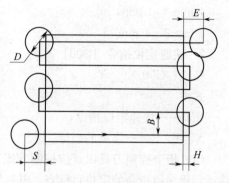

图4—6 加工参数

两条刀具路径之间的间距 B，一般根据表面粗糙度的要求取 $(0.6 \sim 0.9)\ D$，如刀具直径为 20 mm，路径间距取 $0.8D$ 时，则两条路径的间距为 16 mm，这样就保证了两刀之间有 4 mm 的重叠量，防止平面上因刀具间距太大留有残料。

铣削过程中，刀具中心距零件外侧的间隙距离为 H。粗加工时，为了减小刀具路径长度，提高加工效率，$H \geq 0$；精加工时，为了保证加工平面质量，$H > D/2$，使刀具移出加工面。

五、平面类零件的装夹

数控铣床上平面的铣削，一般根据零件的大小选用夹具，零件尺寸较小时选择平口钳装夹，尺寸较大时选择螺栓、压板进行装夹。在大批量生产中，为了提高生产效率，可以使用专用夹具来装夹。

六、基本编程指令

1. 尺寸单位选择指令（G20、G21）

（1）格式：G20（G21）；

G20 为英制输入方式，G21 为公制输入方式，其线性轴、旋转轴的输入单位见表4—1。

表4—1　　　　　　　　　　　G20、G21 输入单位

尺寸单位指令	线性轴	旋转轴
英制（G20）	英寸（in）	度（°）
公制（G21）	毫米（mm）	度（°）

例：G20 G01 X100.0 F40；

表示刀具向 X 轴正方向移动到 100 in 处。

例：G21 G01 X100.0 F40；

表示刀具向 X 轴正方向移动到 100 mm 处。

（2）公制与英制的换算关系

1 mm ≈ 0.0394 in

1 in ≈ 25.4 mm

2. 快速定位指令（G00）

格式：G00 X＿ Y＿ Z＿；

式中

G00——快速定位指令；

X、Y、Z——终点的坐标。

G00指令控制刀具以点位控制方式，各轴以系统预先设定的移动速度，从当前位置快速移动到程序段指令的定位目标点。其速度由机床参数确定，操作时可利用机床操作面板上的倍率开关调整。

G00指令一般用在加工前的快速定位或加工后的快速退刀，不能进行切削加工。由于机床各轴的移动速度不同，在执行G00指令时，其轨迹不一定是一条直线，如图4—7所示，刀具从起始点（原点）执行G00 X90.0 Y50.0时，运动轨迹是 $OA \rightarrow AB$，而不是 OB。

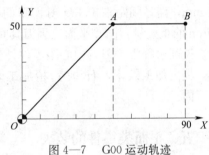

图4—7　G00运动轨迹

所以在使用G00编程时应格外小心，避免刀具与工件发生碰撞。G00指令为模态代码，可由同组的其他代码注销。

3. 直线插补指令（G01）

格式：G01 X＿ Y＿ Z＿ F＿；

式中

G01——直线插补指令；

X、Y、Z——终点的坐标；

F——进给速度，mm/min。

G01指令控制刀具以联动的方式，按指定的进给速度，从当前位置按线性路线移动到程序段指令的终点。如图4—8所示，刀具当前位置为原点，执行G01 X90.0 Y50.0 F100后，刀具将从原点移动到X90.0 Y50.0的终点，其轨迹是一条从 O 到 A 的直线。

G01指令是模态代码，可以由同组的其他代码（G00、G02、G03或固定循环指令）注销。

4. 绝对值指令（G90）

格式：G90；

G90指令后所指定的尺寸均为绝对坐标值尺寸。绝对值编程时的尺寸值和方向是以编程原点为基点计算和判断的。

例：如图4—9所示，加工轨迹是一条直线，从 A 点到 B 点。采用G90方式编程，编程指令表示为：

G90 G01 X80.0 Y40.0 F40；

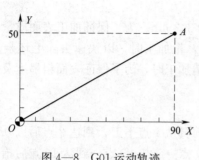

图 4—8　G01 运动轨迹

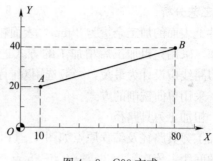

图 4—9　G90 方式

5. 增量值指令（G91）

格式：G91；

G91 指令后所指定的尺寸均为增量坐标值尺寸。增量值编程又称为相对值编程，程序中的坐标值表示从刀具所在点到上一个点的坐标值。

例：如图 4—9 所示，采用 G91 方式编程，编程指令表示为：

G91 G01 X70.0 Y20.0 F40；

七、平面类零件加工实例

平面的加工路线较为简单，一般是由直线段所组成，编程时采用直线插补指令即可完成。对于较小的平面，采用直径大于平面宽度的面铣刀，一次走刀便可以完成整个平面的加工；对于较大的平面，应根据加工平面的大小和刀具的直径，设计走刀路线，然后根据走刀路线进行编程。

下面以图 4—10 所示为例，编写平面的加工程序。已知毛坯尺寸为 200 mm×140 mm×32 mm。面铣刀的直径为 50 mm。

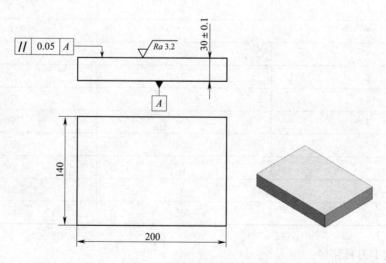

图 4—10　平面加工零件图样

1. 工艺分析

零件上表面的加工余量为 2 mm，表面粗糙度为 3.2 μm。为了保证加工表面质量，提高加工效率，采用先粗加工后精加工的方式进行加工，粗加工时，以快速去除毛坯余量为原则，走刀路线应设计为最短，一般选用双向铣削；精加工时，为了保证表面粗糙度及表面纹理一致，采用单向铣削的方式。

（1）粗加工刀具路径

粗加工刀具路径及编程原点如图 4—11 所示。刀具从 1 点下刀，到达 2 点后以 0.7 倍刀具直径的间距，依次到达 3 点→4 点→5 点→6 点→7 点→8 点→9 点→到达 10 点后抬刀。

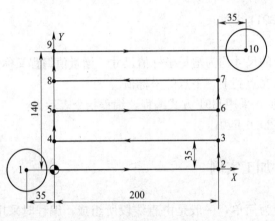

图 4—11　粗加工刀具路径

各基点的坐标值见表 4—2。

表 4—2 　　　　　　　　　　　　各基点坐标值

基点	X	Y
1	−35	0
2	200	0
3	200	35
4	0	35
5	0	70
6	200	70
7	200	105
8	0	105
9	0	140
10	235	140

（2）精加工刀具路径

精加工刀具路径及编程原点如图 4—12 所示。刀具从 1 点下刀，到达 2 点后以 0.7 倍刀具直径的间距，抬刀后快速移动至 3 点下刀加工至 4 点，依次到达 5 点→6 点→7 点→8 点→9 点→到达 10 点后抬刀。

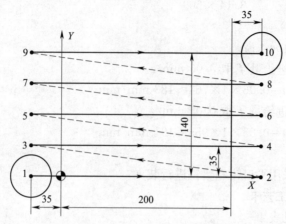

图 4—12　精加工刀具路径

各基点的坐标值见表 4—3。

表 4—3　　　　　　　　　　　　　各基点坐标值

基点	X	Y
1	−35	0
2	235	0
3	−35	35
4	235	35
5	−35	70
6	235	70
7	−35	105
8	235	105
9	−35	140
10	235	140

2. 选择切削用量

（1）背吃刀量（a_p）

由于刀具为硬质合金可转位面铣刀，工件加工深度为 2 mm，为了提高加工效率并保证表面质量分两刀加工，粗加工背吃刀量取 $a_p = 1.5$ mm，精加工背吃刀量取 $a_p = 0.5$ mm。

（2）主轴转速（n）

1）粗加工时切削速度 v_c 取 120 m/min。

所以 $n = \dfrac{1\,000 \times v_c}{\pi \times D} \approx \dfrac{1\,000 \times 120}{3.14 \times 50} \approx 764$ r/min

2）精加工时切削速度 v_c 取 150 m/min。

所以 $n = \dfrac{1\,000 \times v_c}{\pi \times D} \approx \dfrac{1\,000 \times 150}{3.14 \times 50} \approx 955$ r/min

（3）进给速度（v_f）

已知面铣刀的齿数为 4 齿。

1）粗加工时每齿进给量 f_z 取 0.06 mm/z。

所以 $v_f = f_z \times z \times n = 0.06 \times 4 \times 764 \approx 183$ mm/min

2）精加工时每齿进给量 f_z 取 0.05 mm/z。

所以 $v_f = f_z \times z \times n = 0.05 \times 4 \times 955 = 191$ mm/min

3. 装夹

根据零件的形状采用平口钳和垫铁进行装夹。

4. 填写数控加工工艺卡

数控加工工艺卡见表 4—4。

表 4—4　　　　　　　　　　　数控加工工艺卡

单位名称	×××	产品名称或代号		零件名称		零件图号
		×××		平面加工		图 4—10
工序号	程序编号	夹具名称		使用设备		车间
×××	×××	平口钳		XK5052		数控中心
工步号	工步内容	刀具号	刀具规格 （mm）	主轴转速 （r/min）	进给速度 （mm/min）	背吃刀量 （mm）	备注
1	粗加工	T01	φ50	764	183	1.5	分两层
2	精加工	T01	φ50	955	191	0.5	铣削
编制	××	审核	××	批准	××	年　月　日	共　页	第　页

5. 程序编制

平面粗加工程序见表 4—5，精加工程序见表 4—6。

表 4—5　　　　　　　　　　　程序卡（粗加工）

数控铣床 程序卡	编程原点	工件上表面的左下角		编程系统	FANUC 系统
	零件名称	平面加工	零件图号	图 4—10	材料	45 钢
	机床型号	XK5052	夹具名称	平口钳	实训车间	数控中心
程序段号	程序				注释	
	O0001;			主程序名		
N010	G00 G17 G21 G40 G49 G90;			程序初始化		
N020	G54 Z20.0;			建立工件坐标系，并抬刀至安全高度		
N030	X−35.0 Y0;			快速移动至下刀位置		

程序段号	程序	注释
	O0001;	主程序名
N040	M03 S764;	主轴正转转速为 764 r/min
N050	Z5.0;	下降到 Z5
N060	G01 Z−1.5 F183;	进给到深度
N070	X200.0;	到 2 点
N080	Y35.0;	到 3 点
N090	X0;	到 4 点
N100	Y70.0;	到 5 点
N110	X200.0;	到 6 点
N120	Y105.0;	到 7 点
N130	X0;	到 8 点
N140	Y140.0;	到 9 点
N150	X235.0;	到 10 点
N160	G00 Z20.0;	抬刀至安全高度
N170	M30;	程序结束光标返回程序头

表 4—6　　　　　　　　　　　　**程序卡（精加工）**

数控铣床程序卡	编程原点	工件上表面的左下角		编程系统	FANUC 系统
	零件名称	平面加工	零件图号	图 4—10	材料	45 钢
	机床型号	XK5052	夹具名称	平口钳	实训车间	数控中心

程序段号	程序	注释
	O0002;	主程序名
N010	G00 G17 G21 G40 G49 G90;	程序初始化
N020	G54 Z20.0;	建立工件坐标系，并抬刀至安全高度
N030	X−35.0 Y0;	快速移动至下刀位置
N040	M03 S955;	主轴正转转速为 955 r/min
N050	Z5.0;	下降到 Z5
N060	G01 Z−2.0 F191;	进给到深度
N070	X235.0;	到 2 点
N080	G00 Z5.0;	快速抬刀
N090	X−35.0 Y35.0;	到 3 点
N100	G01 Z−2.0 F191;	进给到深度
N110	X235.0;	到 4 点

续表

N120	G00 Z5.0；	快速抬刀
N130	X－35.0 Y70.0；	到5点
N140	G01 Z－2.0 F191；	进给到深度
N150	X235.0；	到6点
N160	G00 Z5.0；	快速抬刀
N170	X－35.0 Y105.0；	到7点
N180	G01 Z－2.0 F191；	进给到深度
N190	X235.0；	到8点
N200	G00 Z5.0；	快速抬刀
N210	X－35.0 Y140.0；	到9点
N220	G01 Z－2.0 F191；	进给到深度
N230	X235.0；	到10点
N240	G00 Z20.0；	抬刀至安全高度
N250	M30；	程序结束光标返回程序头

第二节　槽类零件加工

一、槽类零件的特征

根据结构特点，槽类零件可以分为通槽、半封闭槽和封闭槽三种，如图4—13所示。槽类零件两侧面均有较高的表面粗糙度要求，以及较高的宽度尺寸精度要求。

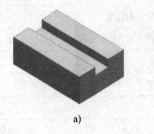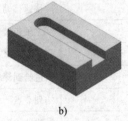

a)　　　　　　　　　　b)　　　　　　　　　　c)

图4—13　槽类零件

a) 通槽　b) 半封闭槽　c) 封闭槽

二、槽类零件的技术要求

一般槽的宽度尺寸精度要求较高，槽两侧面的表面粗糙度值较小，槽的位置也有较高的精度要求。某槽类零件的技术要求如图4—14所示。

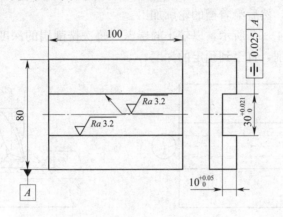

图4—14　某槽类零件的技术要求

三、槽类零件铣削刀具

在立式数控铣床上加工槽类零件常采用键槽铣刀。键槽铣刀按材料可以分为高速钢键槽铣刀和整体合金键槽铣刀两种，如图4—15所示。键槽铣刀一般有两个切削刃，圆柱面上和刀具底面都带有切削刃，底面刀刃延伸至刀具中心，可进行钻孔加工。

a)　　　　　　　　　　　　　　　b)

图4—15　键槽铣刀

a）高速钢键槽铣刀　b）整体合金键槽铣刀

键槽铣刀通常可以加工通槽、半封闭槽、封闭槽和型腔类零件。根据刀具的特点，键槽铣刀可用于粗加工和精加工。

四、铣削方式

键槽铣刀加工槽类零件时，根据刀具的旋转方向与进给方向的关系，可分为顺铣和逆铣。

五、槽类零件的铣削路线

数控铣床上槽类零件的铣削一般可以采用行切法和分层铣削法。

行切法轨迹如图4—16所示，加工时，选择直径小于槽宽的刀具，先沿轴向进给至槽深，去除大部分余量，然后沿着槽的轮廓加工。

分层铣削法如图4—17所示，以较小的层深（每次铣削层的深度在0.5 mm左右），较快的速度往复进行铣削，直至到预定的深度。

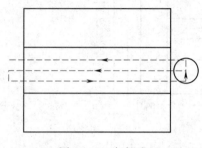

图4—16　行切法

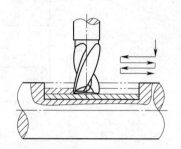

图4—17　分层铣削法

六、零件的装夹

数控铣床上槽类零件的铣削，一般根据零件的形状选用夹具，立方体零件选择平口钳或压板装夹，轴类零件选择平口钳或V形架装夹。

1. 平口钳装夹轴类零件

用平口钳装夹轴类零件，装夹方式简单方便，适用于单件生产。批量生产时，当零件直径有变化时，零件中心在上下和左右方向上都会产生变动，影响槽的对称度和深度。

2. V形架装夹轴类零件

在立式数控铣床上采用V形架装夹轴类零件，将轴类零件放入V形架内，采用压板压紧来铣削键槽。其特点是零件中心位于V形面的角平分线上。当零件直径发生变化时，键槽的深度会发生改变，而不会影响键槽的对称度。

七、基本编程指令

1. 平面选择指令（G17、G18、G19）

平面选择指令G17、G18、G19分别用于指定程序段中刀具的圆弧插补平面或半径补偿平面。在笛卡儿坐标系中，三个相互垂直的轴X、Y、Z构成了三个平面，如图4—18所示。

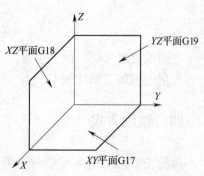

图4—18　G17、G18、G19平面

坐标平面选择指令

（1）XY平面

格式：G17

G17表示选择在XY平面上编程。立式铣床大都在XY平面上加工，故G17为缺省值。

（2）XZ平面

格式：G18

G18表示选择在XZ平面上编程。

（3）YZ平面

格式：G19

G19表示选择在YZ平面上编程。

2．圆弧控制指令（G02、G03）

（1）格式

$$G17 \begin{Bmatrix} G02 \\ G03 \end{Bmatrix} X\_\ Y\_\ \begin{Bmatrix} I\_\ J\_ \\ R\_ \end{Bmatrix} F\_\ ;$$

$$G18 \begin{Bmatrix} G02 \\ G03 \end{Bmatrix} X\_\ Z\_\ \begin{Bmatrix} I\_\ K\_ \\ R\_ \end{Bmatrix} F\_\ ;$$

$$G19 \begin{Bmatrix} G02 \\ G03 \end{Bmatrix} Y\_\ Z\_\ \begin{Bmatrix} J\_\ K\_ \\ R\_ \end{Bmatrix} F\_\ ;$$

式中

G17——圆弧插补平面为XY平面；

G18——圆弧插补平面为XZ平面；

G19——圆弧插补平面为YZ平面；

G02——顺时针圆弧插补指令；

G03——逆时针圆弧插补指令；

X、Y、Z——圆弧终点坐标，在G90时为圆弧终点在编程坐标系中的坐标，在G91时为圆弧终点相对于圆弧起点的位移量；

I、J、K——圆心相对于圆弧起点的增量坐标；

R——圆弧半径，当圆心角小于$180°$时，R为正值，否则为负值；

F——进给速度。

圆弧指令顺逆的判断方法是：从圆弧所在平面外的第三根轴的正向向负向观察，顺时针方向圆弧为G02，逆时针方向圆弧为G03，如图4—19所示。

（2）使用R编程

如图4—20所示，编程原点位于坐标轴零点，刀具起始点位于（X0，Y0），编写圆弧加工程序如下。

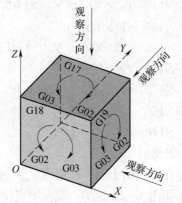

图4—19 圆弧指令顺逆的判断方法

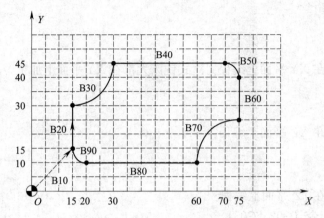

图 4—20　R 方式圆弧编程

R 方式圆弧编程

O0031；	程序名
N10　G00 G17 G21 G40 G49 G80 G90；	程序初始化
G54；	
N20　Z20.0；	移动到 Z20
N30　M03 S400；	主轴顺时针旋转，转速为 400 r/min
N40　X0 Y0；	刀具起始位置
N50　Z5.0；	快速下刀至进给下刀位置
N60　X15.0 Y15.0；	移动到进给下刀位置 B10
N70　G01 Z—5.0 F20；	深度方向切入工件 5 mm，进给速度 20 mm/min
N80　Y30.0；	直线插补指令 B20
N90　G03 X30.0 Y45.0 R15.0；	逆圆弧指令编程 B30
N100　G01 X70.0；	直线插补指令 B40
N110　G02 X75.0 Y40.0 R5.0；	顺圆弧指令编程 B50
N120　G01 Y25.0；	直线插补指令 B60
N130　G03 X60.0 Y10.0 R15.0；	逆圆弧指令编程 B70
N140　G01 X20.0；	直线插补指令 B80
N150　G02 X15.0 Y15.0 R5.0；	顺圆弧指令编程 B90
N160　G00 Z20.0；	快速抬刀到 Z20
N170　M05；	主轴停转
N180　M30；	程序结束并返回

（3）使用 I、J、K 编程

如图 4—21 所示，编程原点位于坐标轴零点，刀具起始点位于（X0，Y0），编写圆弧加工程序如下。

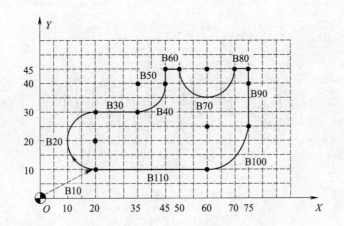

图 4—21 I、J 方式圆弧编程

I、J 方式圆弧编程

O0032；	程序名
N10	G00 G17 G21 G40 G49 G80 G90 G54；	程序初始化

O0032；　　　　　　　　　　　　　　　　　　　　程序名

N10　　G00 G17 G21 G40 G49 G80 G90 G54；　　程序初始化

N20　　Z20.0；　　　　　　　　　　　　　　　移动到 Z20

N30　　M03 S400；　　　　　　　　　　　　　主轴顺时针旋转，转速为 400 r/min

N40　　X0 Y0；　　　　　　　　　　　　　　　刀具起始位置

N50　　Z5.0；　　　　　　　　　　　　　　　快速下刀至进给下刀位置

N60　　X20.0 Y10.0；　　　　　　　　　　　　移动到进给下刀位置 B10

N70　　G01 Z-5.0 F20；　　　　　　　　　　　深度方向切入工件 5 mm，进给速度 20 mm/min

N80　　G02 X20.0 Y30.0 I0 J10；　　　　　　　顺圆弧指令编程 B20

N90　　G01 X35.0；　　　　　　　　　　　　　直线插补指令 B30

N100　 G03 X45.0 Y40.0 I0 J10；　　　　　　　逆圆弧指令编程 B40

N110　 G01 Y45.0；　　　　　　　　　　　　　直线插补指令 B50

N120　 X50.0；　　　　　　　　　　　　　　　直线插补指令 B60

N130　 G03 X70.0 Y45.0 I10.0 J0；　　　　　　逆圆弧指令编程 B70

N140　 G01 X75.0；　　　　　　　　　　　　　直线插补指令 B80

N150　 Y25.0；　　　　　　　　　　　　　　　直线插补指令 B90

N160　 G02 X60.0 Y10.0 I-15.0 J0；　　　　　　顺圆弧指令编程 B100

N170　 G01 X20.0；　　　　　　　　　　　　　直线插补指令 B110

N180　 Z20.0；　　　　　　　　　　　　　　　快速抬刀到 Z20

N190　 M05；　　　　　　　　　　　　　　　　主轴停转

N200　 M30；　　　　　　　　　　　　　　　　程序结束并返回

3. 螺旋插补指令（G02、G03）

螺旋线由平面中的回转运动和与平面垂直的直线运动所组成，如图 4—22 所示。

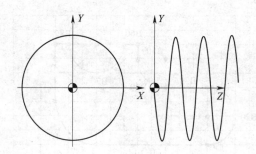

图 4—22　螺旋线

格式：

$$G17 \begin{Bmatrix} G02 \\ G03 \end{Bmatrix} X\_ \ Y\_ \ \begin{Bmatrix} I\_ \ J\_ \\ R\_ \end{Bmatrix} Z\_ \ F\_ ;$$

$$G18 \begin{Bmatrix} G02 \\ G03 \end{Bmatrix} X\_ \ Z\_ \ \begin{Bmatrix} I\_ \ K\_ \\ R\_ \end{Bmatrix} Y\_ \ F\_ ;$$

$$G19 \begin{Bmatrix} G02 \\ G03 \end{Bmatrix} Y\_ \ Z\_ \ \begin{Bmatrix} J\_ \ K\_ \\ R\_ \end{Bmatrix} X\_ \ F\_ ;$$

X、Y 是指 G17 平面上，螺旋线投影到圆弧平面上的终点坐标值；Z 为螺旋线轴向的终点坐标。

X、Z 是指 G18 平面上，螺旋线投影到圆弧平面上的终点坐标值；Y 为螺旋线轴向的终点坐标。

Y、Z 是指 G19 平面上，螺旋线投影到圆弧平面上的终点坐标值；X 为螺旋线轴向的终点坐标。

如图 4—23 所示，已知圆弧的起点为（0，−25，0），圆弧终点（25，0，22）。其螺旋线指令程序如下：

G17 G03 X25.0 Y0 R25.0 Z22.0 F50;

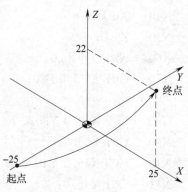

图 4—23　螺旋线指令

4. 暂停指令（G04）

G04 在前一程序段的进给速度降到零之后才开始暂停动作。在执行含 G04 指令的程序段时，先执行暂停功能。

格式一：G04 X＿；

式中

G04——暂停指令；

X——暂停时间，地址 X 后面用带小数点的阿拉伯数字进行编程，单位为 s，如 X4.0 表示暂停时间为 4 s。

格式二：G04 P＿；

式中

G04——暂停指令；

P——暂停时间，单位为 ms，如 P4000 表示暂停时间为 4 s。

注意：

（1）G04 为非模态指令，仅在其被规定的程序段中有效。

（2）地址 P 后面不允许带小数点。

（3）G04 可使刀具做短暂停留，以获得圆整而光滑的表面。当对不通孔做深度控制，在刀具进给到规定的深度，用暂停指令时，刀具做非进给光整切削，然后退刀，保证孔底光整。

八、槽类零件加工实例

下面以图 4—24 所示为例，编写槽类零件的加工程序。已知毛坯尺寸为 80 mm×80 mm×25 mm。

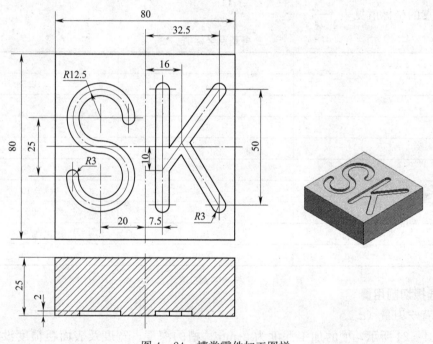

图 4—24　槽类零件加工图样

1. 工艺分析

图 4—24 中，加工内容为"S""K"两个英文字母，两个字母由圆弧和直线所组成，槽宽为 6 mm，槽深为 2 mm，没有公差要求，可以直接采用直径为 6 mm 的平底铣刀加工，其加工路线如图 4—25 所示。

工件编程原点位于零件上表面的中心，如图 4—25 所示，刀具从 1 点开始下刀至深度，采用圆弧插补指令到 2、3 点，在 3 点抬刀至工件上平面，快速移动到 4 点下刀至深度，采用直线插补指令到 5 点，在 5 点抬刀至工件上平面，快速移动到 6 点下刀至深度，采用直线插补指令到 7 点，在 7 点抬刀至工件上平面，快速移动 8 点下刀至深度，采用直线插补指令到 9 点，在 9 点抬刀至安全高度。

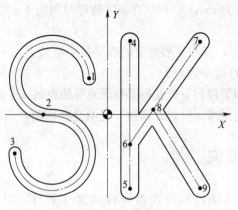

图4—25　加工路线图

各基点的坐标值见表4—7。

表4—7　　　　　　　　　　　各基点坐标值

基点	X	Y
1	-7.5	12.5
2	-20	0
3	-32.5	-12.5
4	7.5	25
5	7.5	-25
6	7.5	-10
7	32.5	25
8	16	1.9
9	32.5	-25

2．选择切削用量

（1）背吃刀量（a_p）

如图4—24所示，槽的加工深度为2 mm。槽的深度、宽度及表面粗糙度没有公差要求，因此，选择背吃刀量为2 mm，直接加工到深度。

（2）主轴转速（n）

已知刀具直径为6 mm，材料为高速钢，取切削速度v_c为20 m/min。其主轴转速为：

$$n \approx \frac{1\,000 \times 20}{3.14 \times 6} \approx 1\,062\ \text{r/min}$$

（3）进给速度

已知键槽铣刀的齿数为2齿，取每齿进给量为0.02 mm/z。其进给速度为：

$$v_f = f_z \times z \times n = 0.02 \times 2 \times 1\,062 \approx 42\ \text{mm/min}$$

3．装夹

根据零件的形状采用平口钳和垫铁进行装夹。

4. 填写数控加工工艺卡

数控加工工艺卡见表 4—8。

表 4—8 数控加工工艺卡

单位名称	×××	产品名称或代号		零件名称		零件图号
		×××		槽加工		图 4—24
工序号	程序编号	夹具名称		使用设备		车间
×××	×××	平口钳		XK5052		数控中心
工步号	工步内容	刀具号	刀具规格 （mm）	主轴转速 （r/min）	进给速度 （mm/min）	背吃刀量 （mm）
1	槽加工	T01	$\phi6$	1 062	42	2
编制 ××	审核 ××	批准 ××		年 月 日		共 页 第 页

5. 程序编制

加工程序见表 4—9。

表 4—9 程序卡

数控铣床 程序卡	编程原点	工件上表面的左下角		编程系统	FANUC 系统
	零件名称	槽加工	零件图号	图 4—24	材料	45 钢
	机床型号	XK5052	夹具名称	平口钳	实训车间	数控中心

程序段号	程序	注释
	O0100；	主程序名
N010	G00 G17 G21 G40 G49 G90；	程序初始化
N020	G54 Z20.0；	建立工件坐标系，并抬刀至安全高度
N030	X−7.5 Y12.5；	快速移动至下刀位置
N040	M03 S1062；	主轴正转，转速为 1 062 r/min
N050	Z5.0；	下降到 Z5
N060	G01 Z−2.0 F42；	进给到深度
N070	G03 X−20.0 Y0 R−12.5；	逆圆弧插补到 2 点
N080	G02 X−32.5 Y−12.5 R−12.5；	顺圆弧插补到 3 点
N090	G00 Z5.0；	抬刀至工件上平面 5 mm
N100	X7.5 Y25.0；	快速移动到 4 点
N110	G01 Z−2.0 F42；	进给到深度
N120	Y−25.0；	直线插补到 5 点
N130	G00 Z5.0；	抬刀至工件上平面 5 mm
N140	Y−10.0；	快速移动到 6 点
N150	G01 Z−2.0 F42；	进给到深度
N160	X32.5 Y25.0；	直线插补到 7 点

N170	G00 Z5.0;	抬刀至工件上平面 5 mm
N180	X16.0 Y1.9;	快速移动到 8 点
N190	G01 Z−2.0 F42;	进给到深度
N200	X32.5 Y−25.0;	直线插补到 9 点
N210	G00 Z20.0;	抬刀至安全高度
N220	M30;	程序结束，光标返回程序头

第五章

轮 廓 加 工

第一节　内外轮廓加工

一、轮廓零件的特征

零件的轮廓表面一般由直线、圆弧或曲线组成，是一个连续的二维表面，该表面展开后可以形成一个平面。二维轮廓类零件主要包括内轮廓、外轮廓、键槽、凹槽、沟槽、型腔等，如图5—1所示。

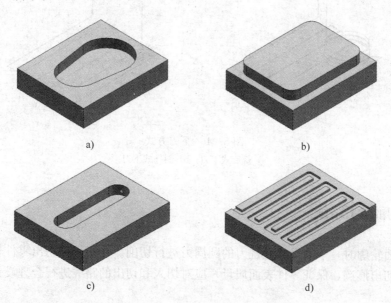

图5—1　轮廓加工
a) 内轮廓　b) 外轮廓　c) 键槽　d) 沟槽

二、轮廓类零件的铣削刀具

内、外轮廓的加工刀具一般选用键槽铣刀、立铣刀或硬质合金可转位立铣刀。图5—2所示为高速钢立铣刀，齿数为3～6。

　　可转位立铣刀由刀体和刀片组成，如图 5—3 所示。由于刀片耐用度高，因此可转位立铣刀的切削效率大大提高，是高速钢立铣刀的 2～4 倍。另外，刀片的切削刃在磨钝后，无须刃磨刀片，只需更换新刀片，因此可转位立铣刀在数控加工中得到了广泛的应用。

图 5—2　高速钢立铣刀

图 5—3　可转位立铣刀

　　立铣刀的刀具形状与键槽铣刀大致相同，不同之处在于刀具底面中心没有切削刃，因此，立铣刀在加工型腔类零件时，不能直接沿着刀轴的轴向下刀，只能采用斜插式或螺旋式进行下刀，如图 5—4 所示。

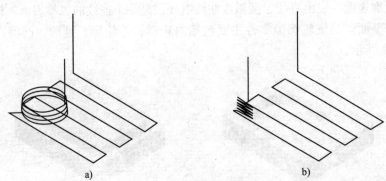

a)　　　　　　　　　　　　　　b)

图 5—4　下刀方式
a）螺旋式下刀　b）斜插式下刀

三、轮廓加工路线

　　铣削平面轮廓时，一般采用立铣刀的圆周刃进行切削。在切入和切出零件轮廓时，为了减少切入和切出痕迹，保证零件表面质量，应对切入和切出的路线进行合理设计。其主要确定原则是：

　　1. 加工路线的设计应保证零件的精度和表面粗糙度，如轮廓加工时，应首先选用顺铣加工。

　　2. 减少进、退刀时间和其他辅助时间，在保证加工质量的前提下尽量缩短加工路线。

　　3. 方便数值计算，尽量减少程序段数，减少编程工作量。

　　4. 进、退刀时，应根据零件轮廓的形状选择直线或圆弧的方式切入或切出，以保证零件表面的质量。图 5—5 所示为零件外轮廓切入和切出方式。

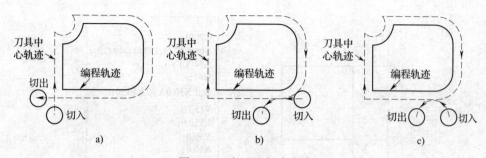

图 5—5 切入和切出方式

a) 直线切入切出 b) 直线切入圆弧切出 b) 圆弧切入切出

四、基本编程指令

1. 准确停止（G09）

一个包含 G09 的程序段在继续执行下一个程序段前，准确停止在本程序段的终点。

格式：G09；

式中

G09——准确停止指令。

注意：该功能用于加工尖锐的棱角。

2. 段间过渡（G61、G64）

在 G61 后的各程序段编程轴都要准确停止在程序段的终点，然后继续执行下一个程序段。

在 G64 后的各程序段编程轴刚开始减速时（未到达所编程的终点）就开始执行下一程序段。但在定位指令（G00、G60）或有准确停止（G09）的程序段中，以及在不含运动指令的程序段中，进给速度仍减速到 0 才执行定位校验。

格式：

$$\begin{cases} G61; \\ G64; \end{cases}$$

式中

G61——精确停止校验指令；

G64——连续切削方式指令。

注意：

G61 方式的编程轮廓与实际轮廓相符。

G61 与 G09 的区别在于 G61 为模态指令，G09 为非模态指令。

G64 方式的编程轮廓与实际轮廓不同。其不同程度取决于 F 值的大小及两路径间的夹角，F 越大，其区别越大。

G61、G64 为模态指令，可相互注销，G64 为缺省值。

例如：采用 G61 编程时，其实际轨迹和程序如图 5—6 所示。

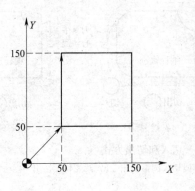

```
O0001;
G00 G17 G21 G40 G49 G80;
G54 X0 Y0;
G61;
G01 X50.0 Y50.0 F150;
Y150.0;
X150.0;
Y50.0;
X50.0;
----
M30;
```

图 5—6　G61 编程

例如：采用 G64 编程时，其实际轨迹和程序如图 5—7 所示。

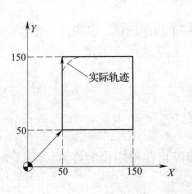

实际轨迹

```
O0001;
G00 G17 G21 G40 G49 G80;
G54 X0 Y0;
G64;
G01 X50.0 Y50.0 F150;
Y150.0;
X150.0;
Y50.0;
X50.0;
----
M30:
```

图 5—7　G64 编程

3．参考点控制指令（G28、G29）

（1）自动返回参考点指令（G28）

执行这条指令时，可以使刀具从当前位置经过中间点返回到参考点，中间点的位置由该指令后的 X、Y、Z 值指定。

格式：

G28 X ＿ Y ＿ Z ＿；

式中

G28——自动返回参考点指令，非模态；

X、Y、Z——返回参考点时经过的中间点，其坐标值可以用增量或绝对方式表示。

返回参考点过程中设定中间点的目的是防止刀具在返回参考点过程中与工件或夹具发生干涉。

例如：

G90 G28 X100.0 Y100.0 Z80.0；

刀具快速定位到 G28 指定的中间点（100，100，80）处，再返回到机床 X、Y、Z 轴的原点。

提示

（1）G28 指令用于刀具自动更换或者消除机械误差，在执行该指令之前应取消刀具半径补偿和刀具长度补偿。

（2）系统执行 G28 指令时机床不仅产生移动，而且记忆了中间点的坐标值，以供 G29 指令使用。

（3）电源通电后，在没有手动返回参考点的状态下，指定 G28 时，从中间点自动返回参考点，与手动返回参考点相同。这时从中间点到参考点的方向就是机床参数"回参考点方向"设定的方向。

（2）自动从参考点返回指令（G29）

执行这条指令时，可以使刀具从参考点出发，经过 G28 指令指定的中间点到达 G29 指令后 X、Y、Z 坐标值所指定的位置。

格式：

G29 X __ Y __ Z __；

式中

G29——自动从参考点返回指令，非模态；

X、Y、Z——返回的定位终点，其坐标值可以用增量或绝对方式表示。

 提示

G29 中间点的坐标值与前面 G28 所指定的中间点坐标值为同一坐标值。因此，这条指令只能出现在 G28 指令的后面。

G28 与 G29 指令执行过程如图 5—8 所示。执行 G28 指令时，刀具从起始点 A 经过中间点 B 到参考点 R；执行 G29 指令时，刀具从参考点 R 经过 G28 指定的中间点 B 到达 G29 定义的终点 C。其程序如下：

G90 方式

G90　G28 X100.0 Y100.0 Z0；

G29　X150.0 Y50.0 Z0；

G91 方式

G91　G28 X100.0 Y50.0 Z0；

G29　X50.0 Y−50.0 Z0；

4. 刀具半径补偿指令（G41、G42、G40）

（1）刀具半径补偿的概念

数控铣床上进行轮廓的铣削加工时，由于刀具总有一定的半径，刀具中心轨迹与工件轮廓不重合。如果数控系统不具备刀具自动补偿功能，则只能按刀具中心轨迹进行编程。如图 5—9 所示，数控程序需要沿刀具中心轨迹（A′ 到 F′）进行编程，这样便增加了编程前的计算，很不方便；另外，当刀具磨损、重磨或更换新刀而使刀具直径发生变化时，必须重新计算刀具中心轨迹，修改程序，这样既烦琐又不易保证加工精度。当数控系统具备刀具半径补偿功能时，数控编程只需按工件轮廓进行，不必考虑刀具半径，如图5—9所示，直接按照工件轮廓（A 到 F）进行编程，加工时根据用户设置的补偿参数，系统将自动使刀具中心沿着轨迹的法向偏移一定的距离，加工出合格的零件。

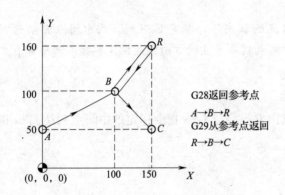
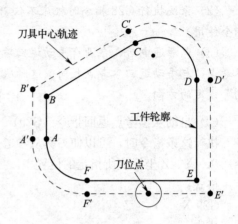

图5—8 G28 与 G29 指令动作   图5—9 刀具半径补偿原理

需要指出的是，刀具半径补偿功能并不是编程人员来完成的，编程人员只需要按工件轮廓编写加工程序。实际的刀具补偿是在 CNC 系统内部由计算机自动完成的。CNC 系统根据零件轮廓尺寸和刀具运动方向，以及实际加工中所用的刀具半径值等自动完成刀具半径补偿计算。

（2）刀具半径补偿指令格式

$$\begin{Bmatrix} G17 \\ G18 \\ G19 \end{Bmatrix} \begin{Bmatrix} G40 \\ G41 \\ G42 \end{Bmatrix} \begin{Bmatrix} G00 \\ G01 \end{Bmatrix} X\_ Y\_ Z\_ D\_ ;$$

式中

G17——刀具半径补偿平面为 XY 平面；

G18——刀具半径补偿平面为 XZ 平面；

G19——刀具半径补偿平面为 YZ 平面；

G40——刀具半径取消；

G41——刀具半径左补偿；

G42——刀具半径右补偿；

X、Y、Z——刀具补偿建立或取消的终点坐标；

D——D 值用于指令偏置存储器的偏置号。

G41 与 G42 的判断方法是：从补偿平面外的另一个坐标轴的正向向着负向观察，并顺着刀具的前进方向看，如果刀具位于工件轮廓的左侧，则称为刀具半径左补偿；如果刀具位于工件轮廓的右侧，则称为刀具半径右补偿，如图5—10所示。

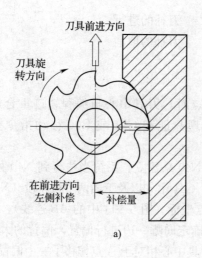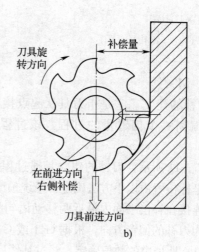

图 5—10　G41 与 G42 的判断

a）左补偿　b）右补偿

（3）刀具半径补偿过程

如图 5—11 所示，刀具半径补偿的过程分为三步，即刀补的建立、刀补的进行和刀补的取消。

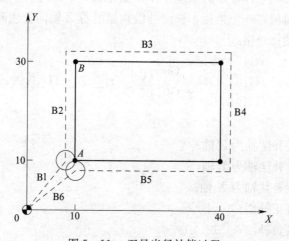

图 5—11　刀具半径补偿过程

O0001；	程序名

O0001；　　　　　　　　　　　　　　　　程序名

......

N30　G00 X0 Y0；

N40　G41 G01 X10.0 Y10.0 D01 F40；　　建立刀具半径左补偿

N50　Y30.0；　　　　　　　　　　　　刀补的进行

N60　X40.0；　　　　　　　　　　　　刀补的进行

N70　Y10.0；　　　　　　　　　　　　刀补的进行

N80　　X10.0;　　　　　　　　　　　　　　刀补的进行

N90　　G40 G01 X0 Y0;　　　　　　　　　　刀补的取消

　　　　　……

N130　M30;

1) 刀补的建立。它是指刀具从起点接近终点时，刀具中心与编程轨迹重合过渡到与编程轨迹偏离一个偏置量的过程。该过程的实现只能在 G01 或 G00 移动指令模式下来建立。

如图 5—11 所示，刀补的建立是通过程序段 N40 来建立。系统当执行到 N40 程序段时，机床刀具坐标位置由以下方法确定：系统预读包含 G41 语句以及下面两个程序段（N50、N60）的内容，连接在补偿平面内最近两移动语句的终点坐标（图 5—11 中的 AB 连线），其连线的垂直方向为刀补的偏置方向，根据 G41 或 G42 来确定向哪一边进行偏置，偏置的大小由偏置号（如 D01）地址中的数值确定。经过补偿后，刀具中心相对于 A 点偏移了一个偏置值。

2) 刀补的进行。在 G41 或 G42 程序段后，程序进入补偿模式，此时刀具中心与编程轨迹始终相距一个偏置量，直到刀补取消。

3) 刀补的取消。刀具中心轨迹从偏置过渡到与编程轨迹重合的过程称为刀补的取消，如图 5—11 所示的 AO 段，刀补的取消用 G40 指令。

5. 刀具长度补偿指令（G43、G44、G49）

刀具长度补偿与刀具半径补偿的原理一样，如在 XY 平面内，半径补偿是在平面内使刀具沿着工件轮廓的法向偏移一个半径，长度补偿则是沿着 Z 轴向上或向下偏移一个距离。

(1) 刀具长度补偿指令格式

$$\begin{Bmatrix} G17 \\ G18 \\ G19 \end{Bmatrix} \begin{Bmatrix} G43 \\ G44 \\ G49 \end{Bmatrix} \begin{Bmatrix} G00 \\ G01 \end{Bmatrix} X\_\ Y\_\ Z\_\ H\_\ ;$$

式中

G17——刀具长度补偿轴为 Z 轴；

G18——刀具长度补偿轴为 Y 轴；

G19——刀具长度补偿轴为 X 轴；

G43——刀具长度正补偿；

G44——刀具长度负补偿；

G49——取消刀具长度补偿；

X、Y、Z——刀补建立或取消的终点坐标；

H——H 值用于指令偏置存储器的偏置号。

(2) 刀具长度补偿原理

刀具长度方向的补偿，实质就是要找到编程坐标系原点在机床坐标系中的位置，如图 5—12a 所示。机床坐标系和编程坐标系的原点如图上所示，当对 Z 向进行对刀时，刀具从当前的位置 1 点下降到 2 点，此时移动距离为图中的 H，也就是 CRT 显示屏上显示的机床坐标值，最后把相应的数值输入到刀具长度寄存器中。

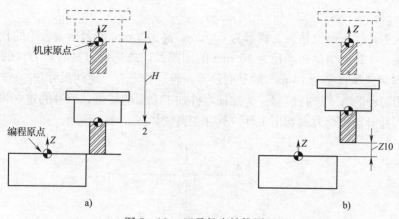

图 5—12　刀具长度补偿原理
a) 对刀原理　b) G43、G44

　　如图 5—12a 所示，若在 CRT 显示屏中显示的机床坐标系的坐标值 H 为"-400.0"，在刀具补偿表中设置寄存器号为 01 的刀具补偿值为"-400.0"。当执行 G43 G00 Z10.0 H01 程序段时，刀具在机床上的实际移动距离＝编程坐标值＋长度补偿值＝10＋（-400）＝-390，即机床的实际移动量为沿着 Z 轴的负方向移动 390 mm，如图 5—12b 所示。当执行 G44 G00 Z10.0 H01 程序段时，需设置寄存器号为 01 的刀具补偿值为"400.0"，刀具在机床上的实际移动距离＝编程坐标值－长度补偿值＝10－400＝-390，如图 5—12b 所示。在采用 G44 编程时，需要设置刀具补偿值为正值，符号与机床显示的符号不相同，容易输入错误造成事故，因此，一般采用 G43 长度补偿指令来进行编程。

五、轮廓加工实例

　　以图 5—13 所示为例，编写平面轮廓的加工程序。已知毛坯材料为高速钢，尺寸为 80 mm× 80 mm×25 mm。

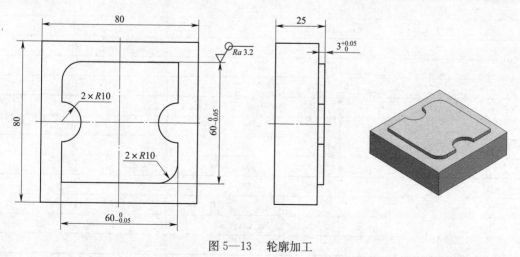

图 5—13　轮廓加工

1. 工艺分析

图 5—13 中，加工部位是长、宽都为 60 mm，高为 3 mm 的台阶。台阶的轮廓外形由直线和圆弧组成，在轮廓中存在半径为 10 mm 的凹圆弧，故选择刀具时，刀具的半径必须小于 10 mm，本例选择直径为 16 mm 的平底铣刀。轮廓外形有一定的尺寸公差要求，编程时，需要通过采用刀补的方式进行编程。为保证零件加工表面的质量，刀补的建立和取消放在零件轮廓以外，并沿切线切入和切出工件。其加工路线如图 5—14 所示。

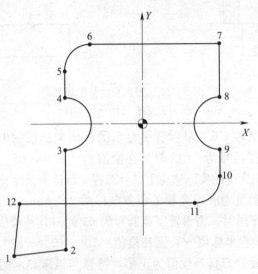

图 5—14　加工路线图

工件编程原点位于零件上表面的中心，如图 5—14 所示，刀具从 1 点开始下刀至深度，由 1 点到 2 点建立刀补，从 2 点→12 点为零件轮廓的加工，由 12 点到 1 点取消刀补。

各基点的坐标值见表 5—1。

表 5—1　　　　　　　　　　　　各基点坐标值

基点	X	Y
1	−50	−50
2	−30	−48
3	−30	−10
4	−30	10
5	−30	20
6	−20	30
7	30	30
8	30	10
9	30	−10
10	30	−20
11	20	−30
12	−48	−30

2. 选择切削用量

（1）背吃刀量（a_p）

如图 5—13 所示，台阶的加工深度为 3 mm。台阶的高度有一定的公差要求，为了保证尺寸精度，加工时 Z 向分粗、精加工，粗加工选择背吃刀量为 2.5 mm，精加工选择背吃刀量为 0.5 mm。

（2）主轴转速（n）

已知刀具直径为 16 mm，材料为高速钢，取切削速度 v_c 为 20 m/min。其主轴转速为：

$$n \approx \frac{1\,000 \times 20}{3.14 \times 16} \approx 400 \text{ r/min}$$

（3）进给速度

已知键槽铣刀的齿数为 2 齿，取每齿进给量为 0.05 mm/z。其进给速度为：

$$v_f = f_z \times z \times n \approx 0.05 \times 2 \times 400 = 40 \text{ mm/min}$$

3. 装夹

根据零件的形状采用平口钳和垫铁进行装夹。

4. 填写数控加工工艺卡

数控加工工艺卡见表 5—2。

表 5—2　　　　　　　　　　　　　　数控加工工艺卡

单位名称	×××	产品名称或代号		零件名称	零件图号
		×××		轮廓加工	图 5—13
工序号	程序编号	夹具名称	使用设备		车间
×××	×××	平口钳	XK5052		数控中心
工步号	工步内容	刀具号	刀具规格 (mm)	主轴转速 (r/min)	进给速度 (mm/min)	背吃刀量 (mm)
1	轮廓加工	T01	$\phi16$	400	40	3.0
编制 ××	审核 ××	批准 ××	年　月　日		共　页　第　页

5. 设置刀补

本例选择 $\phi16$ mm 的平底铣刀，通过对刀后得到刀具的长度补偿值为 −509.0，因工艺分析中要求 Z 向实现分层加工，所以在粗加工时设置长度补偿值为 −508.5，精加工时设置长度补偿值为"−509.0"（仅供参考，加工时应以实际对刀值为准）。刀具的半径补偿值为 8 mm。

点击 MDI 键盘中的参数输入页面键 ，CRT 显示屏显示出"工具补正"界面，在此界面中用户可以对刀具的长度补偿和半径补偿进行设置，在 FANUC 系统中刀具长度补偿分为形状补偿和摩耗补偿，刀具半径补偿也分为形状补偿和摩耗补偿，如图 5—15 所示。

形状（H）设置刀具的长度补偿值。

摩耗（H）用来微量调整刀具的长度补偿值。

形状（D）设置刀具的半径补偿值。

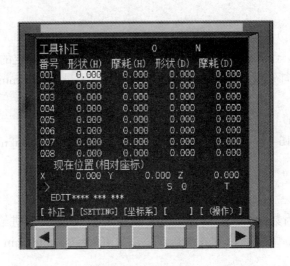

图 5—15　工具补正

摩耗（D）用来微量调整刀具的半径补偿值。

刀补的设置方法：

（1）用 ↑ ↓ ← → 和 PAGE PAGE 移动高亮条到如图 5—15 所示的位置。

（2）利用 MDI 键盘输入"−508.500"，此时数据首先被输入到输入域中，点击 MDI 键盘的输入键 INPUT，数据被输入刀具长度补偿值中；移动高亮度条到"形状（D）"列，输入"8.100"，点击 MDI 键盘的输入键 INPUT，数据被输入刀具半径补偿值中，结果如图 5—16 所示。

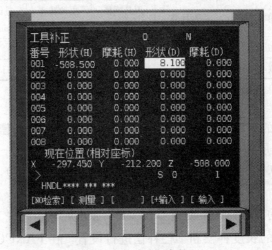

图 5—16　设置参数

6. 程序编制

图 5—13 所示台阶的长度、宽度和深度方向有尺寸公差要求，为了简化编程并保证加工质量，本例通过设置不同的刀补用一个程序实现台阶的粗、精加工。加工程序卡见表 5—3。

表 5—3 程序卡

数控铣床 程序卡	编程原点	工件上表面的中心		编程系统	FANUC 系统
	零件名称	轮廓加工	零件图号	图 5—13	材料	45 钢
	机床型号	XK5052	夹具名称	平口钳	实训车间	数控中心

程序段号	程序	注释
	O0100；	主程序名
N010	G00 G17 G21 G40 G49 G90 G54；	程序初始化
N020	G43 Z20.0 H01；	建立刀具长度补偿
N030	X−50.0 Y−50.0；	快速移动至下刀位置
N040	M03 S400；	主轴正转，转速为 400 r/min
N050	Z5.0；	下降到 Z5
N060	G01 Z−3.0 F40；	进给到深度
N070	G41 G01 X−30.0 Y−48.0 D01；	建立刀具半径左补偿（粗刀补值为 8.1 mm，精刀补值为 7.985 mm）
N080	Y−10.0；	直线插补到 3 点
N090	G03 X−30.0 Y10.0 R10.0；	逆圆弧插补到 4 点
N100	G01 Y20.0；	直线插补到 5 点
N110	G02 X−20.0 Y30.0 R10.0；	顺圆弧插补到 6 点
N120	G01 X30.0；	直线插补到 7 点
N130	Y10.0；	直线插补到 8 点
N140	G03 Y−10.0 R10.0；	逆圆弧插补到 9 点
N150	G01 Y−20.0；	直线插补到 10 点
N160	G02 X20.0 Y−30.0 R10.0；	顺圆弧插补到 11 点
N170	G01 X−48.0；	直线插补到 12 点
N180	G40 G01 X−50.0 Y−50.0；	取消刀具半径左补偿
N190	G00 Z20.0；	抬刀至安全高度
N200	G49 G91 G28 Z0；	取消刀具长度补偿并返回参考点
N210	M30；	程序结束，光标返回程序头

第二节　轮廓加工与子程序

一、子程序的概念

编程时，当一个零件上有相同的或经常重复的加工内容时，为了简化编程，将这些加工内容编成一个单独的程序，再通过调用这些程序进行多次或不同位置的重复加工。在系统中调用程序的程序称为主程序，被调用的程序称为子程序。

二、子程序的格式

格式：

O××××；

…；

…；

…；

…；

M99；

子程序的程序名与普通数控程序完全相同，由英文字母"O"和其后的四位数字组成，数字前的 0 可以省略不写，代表子程序序号。子程序的结束与主程序不同，用 M99 指令来表示，子程序在执行到 M99 指令时，将自动返回到主程序，继续执行主程序下面的程序段。

三、子程序的调用

1. 格式一：M98 P××××L××××

地址 P 后面的四位数字为子程序序号，地址 L 后的数字表示重复调用的次数，子程序序号及调用次数前的 0 可以省略不写。例如，M98 P0010L0002 可以简写成 M98 P10L2，表示调用子程序 0010 两次。

2. 格式二：M98 P××××××××

地址 P 后面是由八位数字所组成，前四位表示调用次数，后四位表示子程序序号，在编写程序时，表示调用次数的前四位数字最前的 0 可以省略不写，但表示子程序序号的后四位数字0 不可省略。例如，M98 P00020020 可以简写成 M98 P20020，表示调用子程序 0020 两次。

系统允许主程序重复调用子程序的次数为 9999 次，如只调用一次，此项可以省略不写。

主程序可以调用子程序，同时子程序也可调用另一个子程序，即子程序的嵌套，如图5—17 所示。在 FANUC 系统中，子程序最多可嵌套 4 级。

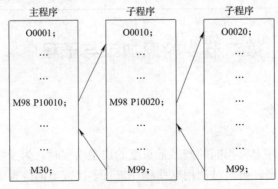

图 5—17　子程序嵌套

四、子程序的特殊使用方法

1. 子程序使用 P 指令返回

在子程序的结束指令 M99 后加入 Pn（n 为主程序的程序段号），则子程序执行完后，将返回到主程序中程序段号为 n 的那个程序段，如图 5—18 所示。

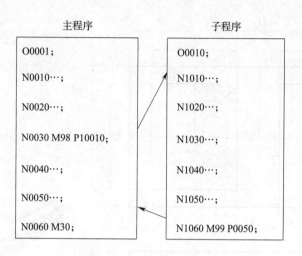

图 5—18　使用 P 指令返回

2. 自动返回到程序头

主程序中插入 M99 指令，系统在执行到 M99 指令时将自动返回到程序的开头位置继续执行程序，从而实现无限次循环。为了能够停止或执行下面的程序段，通常在 M99 指令前加上一个"/"符号，并按下数控系统面板的单节忽略键，程序在执行到带有"/"符号的程序段时，将跳过这个程序段，而执行下一个程序段。

主程序中插入 M99 Pn，数控系统面板的单节忽略键未按下，主程序执行到该程序段时，则不返回到程序开头，而是返回到程序段号为 n 的程序段。如图 5—19 所示，系统在执行到 M99 P0020 时，将返回到程序段号为 0020 的程序段。

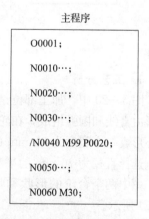

图 5—19　返回到指定程序段

3. 强制改变子程序的循环次数

如果将子程序结束指令 M99 改写为 M99 L××××的格式，将强制改变主程序规定调用子程序的次数。如主程序中调用子程序的指令为 M98 P0010L5，表示主程序调用子程序 0010 为 5 次。如子程序的结束指令为 M99 L1，则该子程序的重复执行次数变为 1 次。

五、编程实例一

毛坯尺寸为 150 mm×80 mm×30 mm，材料为 45 钢，上、下面以及外形为已加工表面，需加工两个相同形状台阶的外形轮廓，台阶高度为 5 mm，如图 5—20 所示。现利用子程序编写台阶的加工程序。

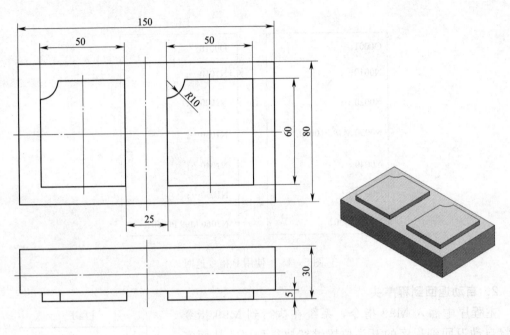

图 5—20　子程序应用实例一

1. 工艺分析

图 5—20 中，加工部位是长为 50 mm、宽为 60 mm、高度为 5 mm 的台阶。台阶的轮廓外形由直线和圆弧组成，在轮廓中存在半径为 10 mm 的凹圆弧。另外，两个台阶在零件的中心形成一个宽度为 25 mm 的直槽，故选择刀具时，刀具的半径必须小于或等于 10 mm，本例选择直径为 16 mm 的平底铣刀。

图中两个台阶的形状和尺寸完全相同，可采用子程序的方式编程。其加工路线如图5—21 所示。

工件编程原点位于零件上表面的中心，如图 5—21 所示，编程时，为了通过调用子程序实现对两个台阶的加工，在主程序中采用 G90 方式编程，只定位刀具的起始点；在子程序中采用 G91 方式编写轮廓的加工程序。

加工左边的台阶时，主程序中首先使刀具定位到 1 点（G90 方式），然后在子程序中采用 G91 方式编程实现对台阶轮廓的加工。加工右边的台阶时，只需要在主程序中将刀具定位到 1′点（G90 方式），再调用一次子程序即可实现对第二个台阶的加工。

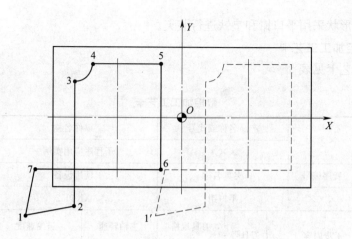

图 5—21　加工路线图

各个基点的绝对坐标和相对坐标见表 5—4。

表 5—4　　　　　　　　　　　　　各基点坐标值

基点	X	Y
1（G90 方式相对于编程原点）	−90	−55
2（G91 方式相对于 1 点）	27.5	5
3（G91 方式相对于 2 点）	0	70
4（G91 方式相对于 3 点）	10	10
5（G91 方式相对于 4 点）	40	0
6（G91 方式相对于 5 点）	0	−60
7（G91 方式相对于 6 点）	−72.5	0
1（G91 方式相对于 7 点）	−5	−25
1′（G90 方式相对于编程原点）	−15	−55

2．选择切削用量

（1）背吃刀量（a_p）

如图 5—20 所示，台阶的加工深度为 5 mm。台阶的深度没有公差要求，选择背吃刀量为 5 mm。

（2）主轴转速（n）

主轴转速选择 400 r/min。

（3）进给速度

进给速度为 40 mm/min。

3．装夹

根据零件的形状采用平口钳和垫铁进行装夹。

4．填写数控加工工艺卡

数控加工工艺卡见表5—5。

表5—5 　　　　　　　　　　数控加工工艺卡

单位名称	×××	产品名称或代号		零件名称		零件图号
		×××		子程序应用实例一		图5—20
工序号	程序编号	夹具名称		使用设备		车间
×××	×××	平口钳		XK5052		数控中心
工步号	工步内容		刀具号	刀具规格（mm）	主轴转速（r/min）	进给速度（mm/min）	背吃刀量（mm）
1	子程序实例加工		T01	φ16	400	40	5
编制	××	审核	××	批准	××	年　月　日	共　页　第　页

5．程序编制

加工程序卡见表5—6。

表5—6 　　　　　　　　　　程序卡

数控铣床程序卡	编程原点	工件上表面的中心		编程系统	FANUC系统
	零件名称	子程序加工	零件图号 图5—20	材料	45钢
	机床型号	XK5052	夹具名称 平口钳	实训车间	数控中心
程序段号	主程序			注释	
	O0100；			主程序名	
N010	G00 G17 G21 G40 G49 G90 G54；			程序初始化	
N020	G43 Z20.0 H01；			建立刀具长度补偿	
N030	X−90.0 Y−55.0；			快速移动至下刀位置	
N040	M03 S400；			主轴正转，转速为400 r/min	
N050	Z5.0；			下降到Z5	
N060	M98 P0101；			调用子程序	
N070	G90 G00 Z5.0；			抬刀	
N080	X−15.0 Y−55.0；			定位到第二个下刀位置	
N090	M98 P0101；			调用子程序	
N100	G90 G00 Z5.0；			抬刀	

N110	G49 G91 G28 Z0;	取消刀具长度补偿并返回参考点
N120	M30;	程序结束，光标返回程序头
	子程序	
	O0101;	子程序名
N010	G01 Z−5.0 F40;	进给到深度
N020	G91 G41 G01 X27.5 Y5.0 D01;	建立刀具半径左补偿（刀补值为 8 mm）
N030	Y70.0;	直线插补到 3 点
N040	G03 X10.0 Y10.0 R10.0;	逆圆弧插补到 4 点
N050	G01 X40.0;	直线插补到 5 点
N060	Y−60.0;	直线插补到 6 点
N070	X−72.5;	直线插补到 7 点
N080	G40 G01 X−5.0 Y−25.0;	取消刀具半径左补偿
N090	M99;	子程序结束

六、编程实例二

毛坯尺寸为 80 mm×80 mm×30 mm，材料为 45 钢，零件的上下面以及外形为已加工表面，需加工出 60 mm×60 mm 高度为 15 mm 的台阶，如图 5—22 所示。试编写该数控程序。

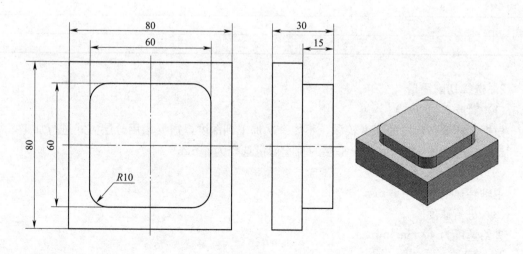

图 5—22　子程序应用实例二

1. 工艺分析

如图 5—22 所示，台阶的轮廓外形由直线和凸圆弧组成，不存在凹圆弧，因此，在选择刀具时，对刀具直径的大小没有要求，本例选择直径为 16 mm 的平底铣刀。

由于台阶的深度较深，考虑到刀具的强度和零件加工表面的质量，刀具不能一次加工到深度，加工时需要采用分层的方式进行，每层加工深度为 5 mm，共分为三层。加工路线如图 5—23 所示。

如图 5—23 所示，工件的编程原点位于工件上表面的中心。编程时，为了采用一个程序实现工件的分层加工，刀具在 XY 平面内移动采用 G90 方式，刀具在 Z 向采用 G91 方式。

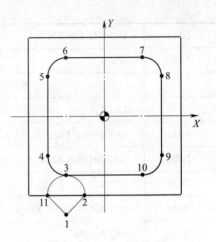

图 5—23　加工路线图

工件各基点的坐标见表 5—7。

表 5—7　各基点坐标值

基点	X	Y
1	−20	−50
2	−10	−40
3	−20	−30
4	−30	−20
5	−30	20
6	−20	30
7	20	30
8	30	20
9	30	−20
10	20	−30
11	−30	−40

2. 选择切削用量

（1）背吃刀量（a_p）

根据工艺分析台阶的深度较深，不能一次加工到深度，需要采用分层方式进行加工，每层 5 mm，分三次完成。因此，每层的背吃刀量选择为 5 mm。

（2）主轴转速（n）

主轴转速选择 400 r/min。

（3）进给速度

进给速度为 40 mm/min。

3. 装夹

根据零件的形状采用平口钳和垫铁进行装夹。

4．数控加工工艺卡

数控加工工艺卡见表5—8。

表5—8 　　　　　　　　　　　　　　　　数控加工工艺卡

单位名称	×××	产品名称或代号		零件名称		零件图号
		×××		子程序实例二		图5—22
工序号	程序编号	夹具名称		使用设备		车间
×××	×××	平口钳		XK5052		数控中心
工步号	工步内容	刀具号	刀具规格 (mm)	主轴转速 (r/min)	进给速度 (mm/min)	背吃刀量 (mm)
1	子程序实例加工	T01	φ16	400	40	5
编制	×× 审核 ×× 批准 ××			年 月 日		共 页 第 页

5．程序编制

加工程序见表5—9。

表5—9 　　　　　　　　　　　　　　　　程序卡

数控铣床 程序卡	编程原点	工件上表面的中心			编程系统	FANUC 系统
	零件名称	子程序加工	零件图号	图5—22	材料	45 钢
	机床型号	XK5052	夹具名称	平口钳	实训车间	数控中心
程序段号	主程序				注释	
	O0100；				主程序名	
N010	G00 G17 G21 G40 G49 G90 G54；				程序初始化	
N020	G43 Z20.0 H01；				建立刀具长度补偿	
N030	X−20.0 Y−50.0；				快速移动至下刀位置	
N040	M03 S400；				主轴正转，转速为 400 r/min	
N050	Z5；				下降到 Z5	
N060	M98 G00 P0101 L3；				调用子程序三次	
N070	G90 Z5.0；				抬刀	
N080	G49 G91 G28 Z0；				取消刀具长度补偿并返回参考点	
N090	M30；				程序结束，光标返回程序头	
	子程序					
N010	O0101；				子程序名	
N020	G91 G01 Z−5.0 F40；				G91 方式进刀	
N030	G90 G41 G01 X−10.0 Y−40.0 D01；				G90 方式建立刀具半径左补偿	
N040	G03 X−20.0 Y−30.0 R10.0；				逆圆弧切入到3点	

续表

N050	G02 X−30.0 Y−20.0 R10.0;	顺圆弧插补到 4 点
N060	G01 Y20.0;	直线插补到 5 点
N070	G02 X−20.0 Y30.0 R10.0;	顺圆弧插补到 6 点
N080	G01 X20.0;	直线插补到 7 点
N090	G02 X30.0 Y20.0 R10.0;	顺圆弧插补到 8 点
N100	G01 Y−20.0;	直线插补到 9 点
N110	G02 X20.0 Y−30.0 R10.0;	顺圆弧插补到 10 点
N120	G01 X−20.0;	直线插补到 3 点
N130	G03 X−30.0 Y−40.0 R10.0;	逆圆弧切出到 11 点
N140	G40 G01 X−20.0 Y−50.0;	取消刀具半径左补偿
N150	M99;	子程序结束

 提示

1. 为了在使用子程序时实现某种功能（如分层加工、平移加工），编程时通常使用 G90 和 G91 方式混合编程。

利用子程序方式对工件进行分层或平移加工时，主程序中通常使用 G90 方式编程，子程序通常使用 G91 方式编程。

子程序中采用 G91 编程模式，避免了重复执行子程序的过程中，刀具在同一深度进行加工。但需要及时进行 G90 与 G91 模式的转换。如下程序。

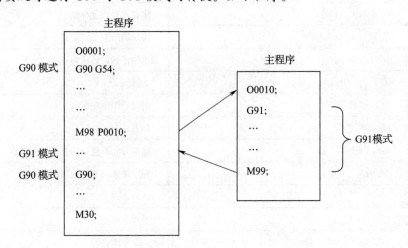

2. 在半径补偿模式中的程序不能被分支。如半径补偿的建立是在主程序中，刀补的进行则是在子程序中，而刀补的取消又回到了主程序。如下程序。

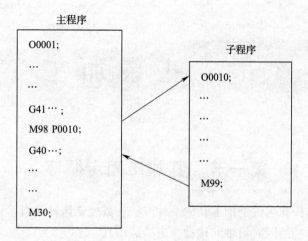

在执行此种程序的过程中，有时系统会出现报警。在编程的过程中应尽量避免编写这种形式的程序。正确的书写格式如下。

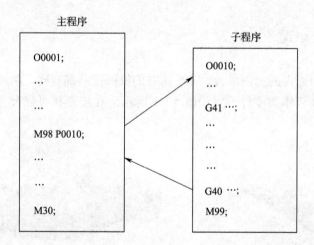

第六章

孔 系 加 工

第一节　孔加工固定循环

钻削加工是用钻头在工件上加工孔的一种方法。数控铣床钻孔时，工件固定不动，刀具做旋转运动（主运动）的同时沿轴向移动（进给运动）。

要编制其加工程序，首先，编程人员应了解孔类零件刀具的选择与使用方法；其次，根据孔的形状和加工特点选择合适的固定循环指令；最后，按照数控系统所规定的加工程序格式进行编程。

一、孔的技术要求

孔在机械加工中所占的比例很大，几乎所有的机械产品都有孔，例如，轴类零件、盘类零件、壳体类零件和箱体类零件等，如图6—1所示。孔按形状可以分为圆柱孔、圆锥孔、

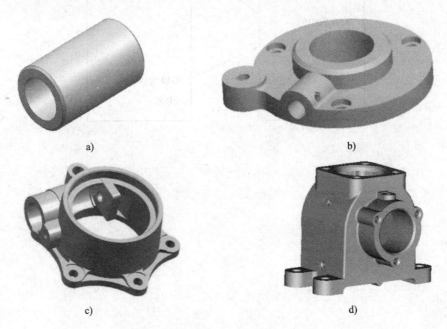

a)　　　　　　　　　　　　　　b)

c)　　　　　　　　　　　　　　d)

图6—1　孔类零件

a）轴类零件　b）盘类零件　c）壳体类零件　d）箱体类零件

螺纹孔等。其中圆柱孔又可以分为通孔、台阶孔和盲孔。由于钻削的精度较低，表面较粗糙，一般加工精度在IT10以下，表面粗糙度值大于$Ra12.5\ \mu m$，生产效率也比较低。因此，钻孔主要用于粗加工，例如，精度和表面粗糙度要求不高的螺钉孔、油孔和螺纹底孔等。但精度和表面粗糙度要求较高的孔，也要以钻孔作为预加工工序。

表面粗糙度要求较高的中小直径孔，在钻削后，常采用扩孔和铰孔来进行半精加工和精加工。

二、钻孔刀具

麻花钻是应用最广的孔加工刀具，通常用高速钢或硬质合金材料制成，其结构为整体式结构。柄部有直柄和锥柄两种形式，如图6—2所示。直柄主要用于小直径麻花钻，锥柄用于直径较大的麻花钻。

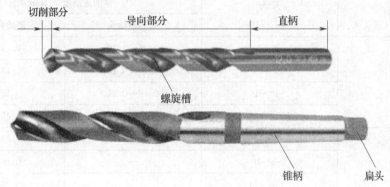

图6—2 直柄、锥柄麻花钻

三、孔的加工方法

孔的加工方法比较多，有钻削、扩削、铰削和镗削等。大直径孔还可采用圆弧插补方式进行铣削加工。

四、切削用量的选择

钻削用量主要指的是钻头的切削用量，其切削参数包括背吃刀量（a_p）、进给量（f）、切削速度（v_c）。

1. 背吃刀量（a_p）

背吃刀量即为钻削时的钻头半径。

2. 进给量（f）

钻削的进给量有三种表示方式。

（1）每齿进给量（f_z）

指钻头每转一个刀齿，钻头与工件间的相对轴向位移量，单位为 mm/z。

（2）每转进给量（f_r）

指钻头或工件每转一转，它们之间的轴向位移量，单位为 mm/r。

（3）进给速度（v_f）

指在单位时间内钻头相对于工件的轴向位移量，单位为 mm/min 或 mm/s。

每齿进给量（f_z）、每转进给量（f_r）和进给速度（v_f）之间的关系是：

$$v_f = n \times f_r = z \times n \times f_z$$

式中　　n——主轴转速；

　　　　z——刀具齿数。

高速钢和硬质合金钻头的每转进给量，可参考表 6—1 确定。

表 6—1 　　　　　　　　　　　钻削进给量

工件材料	钻头 直径 D_c（mm）	钻削进给量 f（mm/r）	
		高速钢钻头	硬质合金钻头
钢	3～6	0.05～0.10	0.10～0.17
	>6～10	0.10～0.16	0.13～0.20
	>10～14	0.16～0.20	0.15～0.22
	>14～20	0.20～0.32	0.16～0.28
铸铁	3～6	—	0.15～0.25
	>6～10	—	0.20～0.30
	>10～14	—	0.25～0.50
	>14～20	—	0.25～0.50

3. 切削速度（v_c）

采用高速钢麻花钻对钢铁材料进行钻孔时，切削速度常取 10～40 m/min，用硬质合金钻头钻孔时速度可提高 1 倍以上。

表 6—2 列出了钻削时的切削速度，供选择时参考。

表 6—2 　　　　　　　　　　　钻削时的切削速度

工件材料	切削速度 v_c（m/min）	
	高速钢钻头	硬质合金钻头
钢	20～40	60～110
不锈钢	10～20	35～60
铸铁	20～25	60～90

在选择切削速度（v_c）时，钻头直径较小取大值，钻头直径较大取小值；工件材料较硬取小值，工件材料较软取大值。

五、基本编程指令

1. 孔加工固定循环指令

在 FANUC 0i 系统中，固定循环指令参见表 6—3。

表 6—3　　　　　　　　　　　固定循环指令

G 代码	孔加工动作（−Z 向）	孔底动作	返回方式（＋Z 向）	用途
G73	间歇进给	—	快速进给	高速深孔往复排屑钻
G74	切削进给	暂停→主轴正转	切削进给	攻左旋螺纹
G76	切削进给	主轴定向停止→刀具移位	快速进给	精镗孔
G80	—		—	取消固定循环
G81	切削进给	—	快速进给	钻中心孔、钻孔
G82	切削进给	暂停	快速进给	锪孔、镗孔、加工阶梯孔
G83	间歇进给		快速进给	深孔往复排屑钻
G84	切削进给	暂停→主轴反转	切削进给	攻右旋螺纹
G85	切削进给	—	切削进给	精镗孔
G86	切削进给	主轴停止	快速进给	镗孔
G87	切削进给	主轴停止	快速进给	反镗孔
G88	切削进给	暂停→主轴停止	手动操作	镗孔
G89	切削进给	暂停	切削进给	精镗阶梯孔

格式：

G73~G89 X __ Y _ Z __ R _ Q __ P __ F _ L __ ；

式中

X、Y——指定孔在 XY 平面内的定位；

Z——孔底平面的位置；

R——R 平面（R 平面在下文介绍）所在的位置；

Q——每次进给深度；

P——刀具在孔底的暂停时间；

F——切削进给速度；

L——固定循环次数。

对于以上孔加工循环的通用格式，并不是每一种孔加工循环的编程都要用到以上格式的所有代码。

以上格式中，除 L 代码外，其他所有代码都是模态代码，只有在循环取消时才被清除，因此，这些指令一经指定，在后面的重复加工中不必重新指定。

取消孔加工循环采用代码 G80。另外，如在孔加工循环中出现 G00、G01、G02、G03 代码，则孔加工方式也会自动取消。

2. 固定循环动作的组成

对工件进行孔加工时，根据刀具的运动位置所处的平面可以分为初始平面、R 平面、工件平面和孔底平面，如图 6—3 所示。

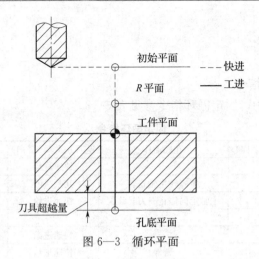

图6—3 循环平面

（1）初始平面

初始平面是为安全下刀而规定的一个平面。初始平面可以设定在任意一个安全高度上。当使用同一把刀具加工多个孔时，刀具在初始平面内的任意移动将不会与夹具、工件凸台等发生干涉。

（2）R平面

R平面又叫R参考平面。该平面是刀具下刀时，自快进转为工进的高度平面，它距工件表面的距离主要考虑工件表面的尺寸变化，一般情况下取2~5 mm。

（3）孔底平面

加工不通孔时，孔底平面就是孔底的Z轴高度。而加工通孔时，除要考虑孔底平面的位置外，还要考虑刀具的超越量，以保证所有孔深都加工到要求的尺寸。

3. G98与G99方式

当刀具加工到孔底平面后，刀具从孔底平面以两种方式返回，即返回到初始平面或R平面，分别用指令G98与G99来决定，如图6—4所示。

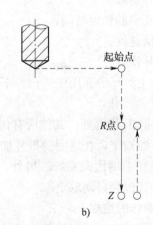

图6—4 G98与G99方式

a）G98方式 b）G99方式

（1）G98 方式

G98 表示返回到初始平面，一般采用固定循环加工孔系时不用返回到初始平面，只有在全部孔加工完成后或孔之间存在凸台或夹具等干涉件时，才回到初始平面。

格式：

G98 G73～G89 X＿ Y＿ Z＿ R＿ Q＿ F＿ L＿；

系统执行以上指令后，刀具在钻入到孔底后将返回到初始平面。轨迹如图 6—4a 所示。

（2）G99 方式

G99 表示返回到 R 平面，在没有凸台等干涉情况下，加工孔系时，为了节省孔系的加工时间，刀具一般返回 R 平面。

格式：

G99 G73～G89 X＿ Y＿ Z＿ R＿ Q ＿ F＿ L ＿；

系统执行以上指令后，刀具在钻入到孔底后将返回到 R 平面。轨迹如图 6—4b 所示。

4．钻孔循环（G81、G82）

（1）钻孔循环（G81）

格式：

$$\begin{Bmatrix} G98 \\ G99 \end{Bmatrix} G81 X\_\_ Y\_\_ Z\_\_ R\_\_ F\_\_ L\_\_;$$

G81 指令用于正常钻孔，切削进给执行到孔底，然后刀具从孔底快速移动退回。G81 孔加工动作如图 6—5 所示。

（2）钻孔循环（G82）

格式：

$$\begin{Bmatrix} G98 \\ G99 \end{Bmatrix} G82 X\_\_ Y\_\_ Z\_\_ R\_\_ P\_\_ F\_\_ L\_\_;$$

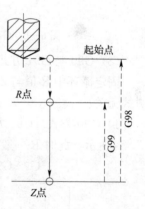

G82 指令除了在孔底暂停外，其他动作与 G81 相同。暂停的时间由地址 P 指定，单位为 s。G82 指令主要用于加工盲孔，以减小孔底面的表面粗糙度。

如果 Z 的移动量为零，该指令不执行。

图 6—5　G81 孔加工动作图

5．高速深孔钻循环（G73、G83）

（1）高速深孔钻循环（G73）

格式：

$$\begin{Bmatrix} G98 \\ G99 \end{Bmatrix} G73 X\_\_ Y\_\_ Z\_\_ R\_\_ Q\_\_ P\_\_ F\_\_ L\_\_;$$

G73 指令用于深孔钻削，Z 轴方向的间断进给有利于深孔加工过程中断屑与排屑，减少退刀量可以进行高效率的加工。指令 Q 为每一次进给的加工深度。G73 孔加工动作如图 6—6 所示，图中 k 为每一次退刀距离，此值由系统确定，无须用户指定。

注意：Z、Q 移动量为零时，该指令不执行。

（2）高速深孔钻循环（G83）

格式：

$$\begin{Bmatrix} G98 \\ G99 \end{Bmatrix} G83X\_\_Y\_\_Z\_\_R\_\_Q\_\_P\_\_F\_\_L\_\_;$$

G83 与 G73 指令略有不同的是每次刀具间歇进给后回退至 R 平面，这种退刀方式排屑更彻底。指令 Q 为每一次进给的加工深度。G83 孔加工动作如图 6—7 所示，图中 k 表示刀具间断进给时，由快进转为工进的那一点距前一次切削进给下降点的距离。

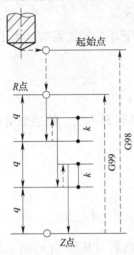 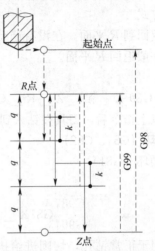

图 6—6　G73 孔加工动作图　　　图 6—7　G83 孔加工动作图

（3）G90 与 G91 方式

固定循环中 R 值与 Z 值数据的指定与 G90、G91 方式的选择有关，而 Q 值与 G90、G91 方式无关。

1）G90 方式。G90 方式中，R 值与 Z 值是指相对于工件坐标系的 Z 向坐标值，如图 6—8a 所示，此时 R 一般为正值，而 Z 一般为负值。

G90 G99 G73 X__Y__Z$-$15 R 5 Q 5 P__F__L__;

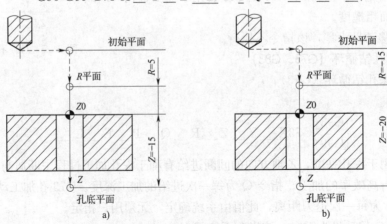

图 6—8　G90 与 G91 方式
a）G90 方式　b）G91 方式

2）G91 方式。G91 方式中，R 值是指从起始点到 R 点的增量值，而 Z 值是指从 R 点到孔底平面的增量值。如图 6—8b 所示，R 值与 Z 值（G87 例外）均为负值。

G91 G99 G73 X __ Y __ Z -20 R -15 Q 5 P __ F __ L __；

六、钻孔加工实例

下面以图 6—9 所示为例，编写钻孔加工程序。已知毛坯尺寸为 60 mm × 50 mm × 30 mm。

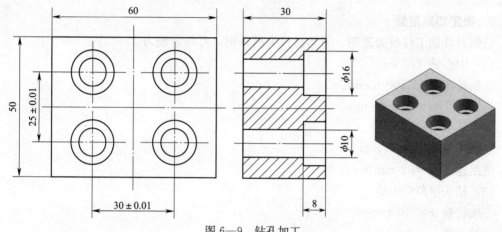

图 6—9　钻孔加工

1. 工艺分析

图 6—9 中，加工的部位是四个台阶孔，盲孔直径为 16 mm，通孔直径为 10 mm，没有尺寸公差和表面粗糙度要求。四个台阶孔的位置有一定的公差要求，想要保证位置精度尺寸，必须从工艺上进行控制，本例采用的加工步骤是加工定位孔、钻孔、扩孔。编程时，定位孔采用中心钻加工，使用 G81 编程，钻孔采用钻头加工，使用 G73 编程，扩孔采用钻头加工，使用 G82 编程，加工路线如图 6—10 所示。

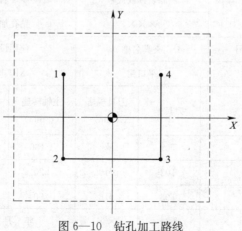

图 6—10　钻孔加工路线

各基点的坐标见表 6—4。

表 6—4　　　　　　　　　　　　　各基点坐标值

基点	X	Y
1	−15	12.5
2	−15	−12.5
3	15	−12.5
4	15	12.5

2．确定切削用量

已知刀具加工材料为碳钢，刀具材料为高速钢，刀具齿数为 2。

（1）中心钻（ϕ3 mm）

主轴转速 n＝1 100 r/min。

进给速度 v_f＝55 mm/min。

（2）钻头（ϕ10 mm）

主轴转速 n＝320 r/min。

进给速度 v_f＝32 mm/min。

（3）钻头（ϕ16 mm）

主轴转速 n＝200 r/min。

进给速度 v_f＝20 mm/min。

3．装夹

采用平口钳配合平行垫铁装夹工件，垫铁应注意摆放位置，避免钻孔时钻头钻入垫铁。

4．填写数控加工工艺卡

数控加工工艺卡见表 6—5。

表 6—5　　　　　　　　　　　　　数控加工工艺卡

单位名称	×××	产品名称或代号		零件名称	零件图号
		×××		钻孔加工	图 6—9
工序号	程序编号	夹具名称		使用设备	车间
×××	×××	平口钳		XK5052	数控中心
工步号	工步内容	刀具号	刀具规格 （mm）	主轴转速 （r/min）	进给速度 （mm/min）	背吃刀量 （mm）
1	定位孔	T01	ϕ3	1 100	55	1.5
2	钻孔	T02	ϕ10	320	32	5
3	扩孔	T03	ϕ16	200	20	3
编制	××	审核	××	批准	××	年　月　日	共　页　第　页

5. 程序编制

加工程序见表 6—6。

表 6—6　　　　　　　　　　　　　　**程序卡**

数控铣床程序卡	编程原点		工件上表面的中心		编程系统	FANUC
	零件名称	钻孔加工	零件图号	图 6—9	材料	45 钢
	机床型号	XK5052	夹具名称	平口钳	实训车间	数控中心

工序 1 选用 φ3 mm 中心钻加工定位孔

程序段号	程序内容	注释
	O0001；	程序名
N010	G00 G17 G21 G40 G49 G80 G90；	程序初始化
N020	G54 Z50.0；	建立工件坐标系
N030	G91 G28 Z0；	回参考点
N040	T01 M06；	φ3 mm 中心钻
N050	G90 G43 Z20.0 H01；	建立刀具长度补偿
N060	M08；	切削液开
N070	M03 S1100；	主轴正转，转速为 1 100 r/min
N080	X−15.0 Y12.5；	快速定位至（X−15，Y12.5）进刀位置
N090	G99 G81 X−15.0 Y12.5 Z−5.0 R5.0 F55；	固定循环指令，加工第一个孔
N100	Y−12.5；	加工第二个孔
N110	X15.0；	加工第三个孔
N120	G98 Y12.5；	加工第四个孔，并返回到初始平面
N130	G80；	取消固定循环指令
N140	G91 G49 G28 Z0；	取消刀具长度补偿并返回参考点
N150	M09；	切削液关
N160	M05；	主轴停止
N170	M30；	程序结束

工序 2 选用 φ10 mm 钻头加工孔

	O0200；	程序名
N010	G00 G17 G21 G40 G49 G80 G90；	程序初始化
N020	G54 Z50.0；	建立工件坐标系
N030	G91 G28 Z0；	回参考点
N040	T02 M06；	φ10mm 钻头
N050	G90 G43 Z20.0 H02；	建立刀具长度补偿

N060	M08；	切削液开
N070	M03 S320；	主轴正转，转速为 320 r/min
N080	X−15.0 Y12.5；	快速定位至（X−15，Y12.5）进刀位置
N090	G99 G73 X − 15.0 Y12.5 Z − 35.0 R5.0 Q5.0 F32；	固定循环指令，加工第一个孔
N100	Y−12.5；	加工第二个孔
N110	X15.0；	加工第三个孔
N120	G98 Y12.5；	加工第四个孔，并返回到初始平面
N130	G80；	取消固定循环指令
N140	G91 G49 G28 Z0；	取消刀具长度补偿并返回参考点
N150	M09；	切削液关
N160	M05；	主轴停止
N170	M30；	程序结束

工序 3 选用 φ16 mm 钻头加工台阶孔

	O0300；	程序名
N010	G00 G17 G21 G40 G49 G80 G90；	程序初始化
N020	G54 Z50.0；	建立工件坐标系
N030	G91 G28 Z0；	回参考点
N040	T03 M06；	φ16mm 钻头
N050	G90 G43 Z20.0 H03；	建立刀具长度补偿
N060	M08；	切削液开
N070	M03 S200；	主轴正转，转速为 200 r/min
N080	X−15.0 Y12.5；	快速定位至（X−15，Y12.5）进刀位置
N090	G99 G82 X−15.0 Y12.5 Z−8.0 R5.0 P1.0 F20；	固定循环指令，加工第一个孔
N100	Y−12.5；	加工第二个孔
N110	X15.0；	加工第三个孔
N120	G98 Y12.5；	加工第四个孔，并返回到初始平面
N130	G80；	取消固定循环指令
N140	G91 G49 G28 Z0；	取消刀具长度补偿并返回参考点
N150	M09；	切削液关
N160	M05；	主轴停止
N170	M30；	程序结束

提示

1. G91 方式编程时，R 点的坐标是相对于初始平面，Z 点的坐标是相对于 R 点的坐标，因此均为负值。

2. 使用 G98 方式编程时，刀具在完成一个孔的加工后返回到初始平面；G99 方式编程时，刀具完成一个孔的加工后返回到 R 平面。

3. 当连续加工一些间距较小的孔，或者初始平面到 R 平面距离较小的孔时，往往刀具已经定位于下一个孔的加工位置，而主轴还没有达到正常的转速。为此，需在各孔的加工动作之间加入暂停指令 G04，以获得时间使主轴达到正常转速。

第二节 镗孔加工

镗削是一种用刀具扩大孔或其他圆形轮廓的内径铣削工艺，其应用范围一般从半粗加工到精加工，所用刀具通常为镗刀。

一、镗孔加工的技术要求

镗孔是一种加工精度较高的孔加工方法，一般被安排在最后一道工序。镗孔的尺寸公差等级可以达到 IT6～IT9，孔径公差等级可以达到 IT8，孔的加工表面粗糙度一般为 $Ra0.16$～$3.2\ \mu m$。

二、镗孔刀具

镗刀由刀柄和刀具组成，具有一个或两个切削部分，专门用于对已有的孔进行粗加工、半精加工或精加工，如图 6—11 所示。镗刀可在镗床、车床或铣床上使用。因装夹方式的不同，镗刀柄部有方柄、莫氏锥柄和 7∶24 锥柄等多种形式。在数控铣床上一般采用 7∶24 锥柄镗刀。

微调镗刀可以在机床上精确地调节镗孔尺寸，它有一个精密游标刻线的指示盘，指示盘和装有镗刀头的心杆组成一对精密丝杆螺母副机构。当转动螺母时，装有刀头的心杆即可沿定向键做直线移动，借助游标刻线读数精度可达 0.001 mm，如图 6—11a所示。

双刃镗刀由分布在中心两侧同时切削的刀齿所组成，由于切削时产生的径向力互相平衡，镗削振动小，从而在加工过程中可加大切削用量，提高生产效率，如图 6—11b所示。

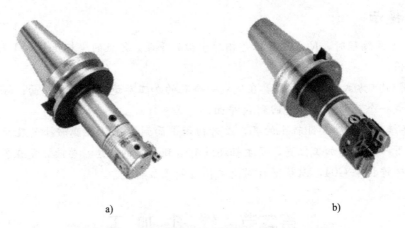

a)   b)

图 6—11   镗刀
a）微调镗刀   b）双刃镗刀

镗刀的对刀方式一般分为机内对刀和机外对刀。机内对刀主要是先通过对孔的试切测量出工件的孔径，然后对镗刀进行微调；机外对刀是通过机外对刀仪来调整镗刀的尺寸，如图6—12所示。

图 6—12   机外对刀仪

三、镗孔的加工方法

镗孔一般为孔加工的最后一道工序，按加工的步骤可以分为钻孔、扩孔（小直径的孔）、铣孔（大直径的孔）和镗孔。

四、镗孔切削用量

对精度和表面粗糙度要求很高的镗削，一般采用硬质合金、金刚石和立方氮化硼等超硬材料的刀具，选用很小的进给量（0.02～0.08 mm/r）、背吃刀量（0.05～0.1 mm）。镗削的加工精度能达到IT7～IT6，表面粗糙度为 Ra 0.63～0.08 μm。在精镗孔之前，预制孔要经过粗镗、半精镗工序，为精镗孔留下很薄而均匀的加工余量。常用刀具材料及切削用量见表6—7。

表6—7　　　　　　　　　　　　　　　　镗孔切削用量

工序	工件材料	铸铁		钢		铝及其合金	
	刀具材料	v (mm/min)	f_r (mm/r)	v (mm/min)	f_r (mm/r)	v (mm/min)	f_r (mm/r)
粗镗	高速钢	20～25	0.4～1.5	15～30	0.35～0.7	100～150	0.5～1.5
	硬质合金	35～50	—	50～70		100～250	
半精镗	高速钢	20～35	0.15～0.45	15～50	0.15～0.45	100～200	0.2～0.5
	硬质合金	50～70	—	95～135			
精镗	高速钢	70～90	<0.08	100～135	0.12～0.15	150～400	0.06～0.1
	硬质合金	—	0.12～0.15	—	0.15	—	

 提示

1. 当采用高精度镗刀镗孔时，由于余量较小，直径余量不大于0.2 mm，切削速度可提高，铸铁件为100～150 mm/min，铝合金为200～400 mm/min，巴氏合金为250～500 mm/min。

2. 进给量可在0.03～0.1 mm/r。

五、基本编程指令

1. 镗孔（G85、G86）

格式：

G85 X__ Y__ Z__ R__ F__；

G86 X__ Y__ Z__ R__ P__ F__；

式中

G85——镗孔循环在孔底时主轴不停转，然后以切削速度退刀，如图6—13a所示。

G86——镗孔循环在孔底时主轴停止，然后快速退刀，如图6—13b所示。

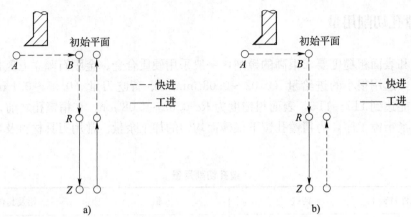

图 6—13　粗镗孔动作图

a) G98 G85 动作　　b) G99 G86 动作

2. 精镗孔（G76）与反镗孔（G87）

格式：

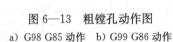

G76 X ＿ Y ＿ Z ＿ R ＿ Q ＿ F ＿；

G87 X ＿ Y ＿ Z ＿ R ＿ Q ＿ F ＿；

式中

G76——精镗孔指令；

G87——反镗孔指令；

Q——刀具向刀尖相反方向移动距离。

G76 孔加工动作如图 6—14a 所示。精镗时，主轴在孔底定向停止后，向刀尖反向移动，然后快速退刀。这种带有让刀的退刀不会划伤已加工表面，保证了镗孔的精度和表面质量。

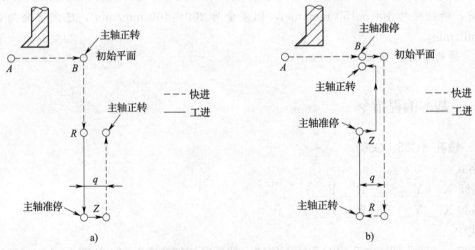

图 6—14　精镗孔与反镗孔动作图

a) G99 G76 动作图　　b) G98 G87 动作图

G87 指令动作如图 6—14b 所示，X 轴和 Y 轴定位后，主轴停止，刀具以与刀尖相反方向按指令 Q 设定的偏移量位移，并快速定位到孔底。在该位置刀具按原偏移量返回，然后主轴正转，沿 Z 轴正向加工到 Z 点。在此位置主轴再次停止后，刀具再次按原偏移量反向位移，然后主轴向上快速移动到达初始平面（只能用 G98），并按原偏移量返回后主轴正转，继续执行下一个程序段。

如果 Z 的移动量为零，该指令不执行。

3. 镗孔循环（G88、G89）

格式：

G88 X＿Y＿Z＿R＿P＿F＿；

G89 X＿Y＿Z＿R＿P＿F＿；

执行 G88 循环，刀具以切削进给方式加工到孔底，刀具在孔底暂停后主轴停转，这时可以通过手动方式从孔中安全退出刀具，再开始自动加工，Z 轴快速返回 R 平面或初始平面，主轴回复正转，如图 6—15a 所示。此种方式虽然相应提高了孔的加工精度，但加工效率较低。

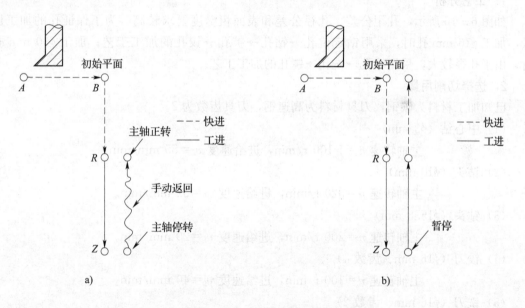

图 6—15　镗孔加工动作图

a) G99 G88 动作图　b) G98 G89 动作图

G89 动作与 G85 动作基本类似，不同的是 G89 动作在孔底增加了暂停，如图 6—15b 所示。因此，该指令常用于阶梯孔的加工。

六、镗孔加工实例

以图 6—16 所示为例，编写镗孔加工程序。已知毛坯尺寸为 100 mm×80 mm×30 mm。

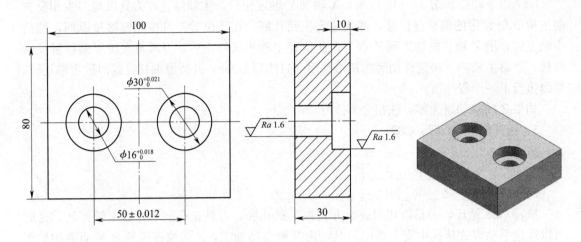

图 6—16　镗孔加工

1．工艺分析

如图 6—16 所示，孔距公差、孔径公差和表面粗糙度要求较高。为了保证孔的加工质量，加工 $\phi 16$ mm 孔时，采用钻定位孔→钻孔→扩孔→铰孔的加工工艺；加工 $\phi 30$ mm 孔时，由于孔径较大，采用钻孔→铣孔→镗孔的加工工艺。

2．选择切削用量

已知加工材料为碳钢，刀具材料为高速钢，刀具齿数为 2。

（1）中心钻（$\phi 3$ mm）

主轴转速 $n=1\,100$ r/min，进给速度 $v_f=55$ mm/min。

（2）钻头（$\phi 10$ mm）

主轴转速 $n=320$ r/min，进给速度 $v_f=32$ mm/min。

（3）钻头（$\phi 15.8$ mm）

主轴转速 $n=200$ r/min，进给速度 $v_f=20$ mm/min。

（4）铰刀（$\phi 16$ mm、齿数 4）

主轴转速 $n=100$ r/min，进给速度 $v_f=40$ mm/min。

（5）铣刀（$\phi 16$ mm、齿数 2）

主轴转速 $n=400$ r/min，进给速度 $v_f=40$ mm/min。

（6）镗刀（$\phi 30$ mm）

主轴转速 $n=800$ r/min，进给速度 $v_f=45$ mm/min。

3．装夹

采用平口钳配合平行垫铁装夹工件，垫铁应注意摆放位置，避免钻孔时钻头钻入垫铁。

4．填写数控加工工艺卡

数控加工工艺卡见表 6—8。

表 6—8 数控加工工艺卡

单位名称	×××		产品名称或代号		零件名称		零件图号
			×××		镗孔加工		图 6—16
工序号	程序编号		夹具名称		使用设备		车间
×××	×××		平口钳		XK5052		数控中心
工步号	工步内容		刀具号	刀具规格（mm）	主轴转速（r/min）	进给速度（mm/min）	背吃刀量（mm）
1	定位孔		T01	φ3	1 100	55	1.5
2	钻孔		T02	φ10	320	32	5
3	扩孔		T03	φ15.8	200	20	2.9
4	铰孔		T04	φ16	200	40	0.1
5	铣孔		T05	φ16	400	40	10
6	镗孔		T06	φ30	800	45	0.1
编制	××	审核 ××	批准	××	年 月 日	共 页	第 页

5. 程序编制

加工程序见表 6—9。

表 6—9 程序卡

数控铣床程序卡	编程原点	工件上表面的中心		编程系统	FANUC
	零件名称	镗孔加工	零件图号 图 6—16	材料	45 钢
	机床型号	XK5052	夹具名称 平口钳	实训车间	数控中心

工序 1 选用中心钻加工定位孔

程序段号	程序内容	注释
	O0100;	程序名
N010	G00 G17 G21 G40 G49 G80 G90;	程序初始化
N020	G54 Z50.0;	建立工件坐标系
N030	G91 G28 Z0;	回参考点
N040	T01 M06;	φ3mm 中心钻
N050	G90 G43 Z20.0 H01;	建立刀具长度补偿
N060	M08;	切削液开
N070	M03 S1100;	主轴正转，转速为 1 100 r/min

N080	X－25.0 Y0；	快速定位至（X－25，Y0）进刀位置
N090	G99 G81 X－25.0 Y0 Z－5.0 R5.0 F55；	固定循环指令，加工第一个孔
N100	G98 X25.0；	加工第二个孔，并返回到初始平面
N110	G80；	取消固定循环指令
N120	G91 G49 G28 Z0；	取消刀具长度补偿并返回参考点
N130	M09；	切削液关
N140	M05；	主轴停止
N150	M30；	程序结束

工序 2　选用 φ10 mm 钻头加工孔

	O0200；	程序名
N010	G00 G17 G21 G40 G49 G80 G90；	程序初始化
N020	G54 Z50.0；	建立工件坐标系
N030	G91 G28 Z0；	回参考点
N040	T02 M06；	φ10 mm 钻头
N050	G90 G43 Z20.0 H02；	建立刀具长度补偿
N060	M08；	切削液开
N070	M03 S320；	主轴正转，转速为 320 r/min
N080	X－25.0 Y0；	快速定位到第一个钻孔位置
N090	G99 G73 X－25.0 Y0 Z－35.0 R5.0 Q5.0 F32；	固定循环指令，加工第一个孔
N100	G98 X25.0；	加工第二个孔，并返回到初始平面
N110	G80；	取消固定循环指令
N120	G91 G49 G28 Z0；	取消刀具长度补偿并返回参考点
N130	M09；	切削液关
N140	M05；	主轴停止
N150	M30；	程序结束

工序 3　选用 φ15.8 mm 钻头扩孔

	O0300；	程序名
N010	G00 G17 G21 G40 G49 G80 G90；	程序初始化
N020	G54 Z50.0；	建立工件坐标系
N030	G91 G28 Z0；	回参考点
N040	T03 M06；	φ15.8 mm 钻头

N050	G90 G43 Z20.0 H03；	建立刀具长度补偿
N060	M08；	切削液开
N070	M03 S200；	主轴正转，转速为 200 r/min
N080	X－25.0 Y0；	快速定位至（X－25，Y0）进刀位置
N090	G99 G81 X－25.0 Y0 Z－35.0 R5.0 F20；	固定循环指令，加工第一个孔
N100	G98 X25.0；	加工第二个孔，并返回到初始平面
N110	G80；	取消固定循环指令
N120	G91 G49 G28 Z0；	取消刀具长度补偿并返回参考点
N130	M09；	切削液关
N140	M05；	主轴停止
N150	M30；	程序结束

工序 4　选用 φ16 mm 铰刀铰孔

	O0400；	程序名
N010	G00 G17 G21 G40 G49 G80 G90；	程序初始化
N020	G54 Z50.0；	建立工件坐标系
N030	G91 G28 Z0；	回参考点
N040	T04 M06；	φ16 mm 铰刀
N050	G43 Z20.0 H04；	建立刀具长度补偿
N060	M08；	切削液开
N070	M03 S100；	主轴正转，转速为 100 r/min
N080	X－25.0 Y0；	快速定位至（X－25，Y0）进刀位置
N090	G99 G85 X－25.0 Y0 Z－35.0 R5.0 F40；	固定循环指令，加工第一个孔
N100	G98 X25.0；	加工第二个孔，并返回到初始平面
N110	G80；	取消固定循环指令
N120	G91 G49 G28 Z0；	取消刀具长度补偿并返回参考点
N130	M09；	切削液关
N140	M05；	主轴停止
N150	M30；	程序结束

续表

工序 5　选用 ϕ16 mm 铣刀铣孔

	O0500；	程序名
N010	G00 G17 G21 G40 G49 G80 G90；	程序初始化
N020	G54 Z50.0；	建立工件坐标系
N030	G91 G28 Z0；	回参考点
N040	T05 M06；	ϕ16 mm 平底铣刀
N050	G43 Z20.0 H05；	建立刀具长度补偿
N060	M03 S400；	主轴正转，转速为 400 r/min
N070	M08；	切削液开
N080	Z2.0；	下降到进给下刀位置
N090	G90 X−25.0 Y0；	移动到左孔的中心
N100	G91 G01 Z−10.0 F40；	下刀至深度
N110	G41 X5.0 Y−10.0 D01；	建立刀补
N120	G03 X10.0 Y10.0 R10.0；	圆弧切入
N130	I−15.0；	圆弧加工
N140	X−10.0 Y10.0 R10.0；	圆弧切出
N150	G40 G01 X−5.0 Y−10.0；	取消刀具半径补偿
N160	G00 Z2.0；	抬刀至工件上平面 2 mm 处
N170	G90 X25.0 Y0；	移动到右孔的中心
N180	G91 G01 Z−10.0 F40；	下刀至深度
N190	G41 X5.0 Y−10.0 D01；	建立刀补
N200	G03 X10.0 Y10.0 R10.0；	圆弧切入
N210	I−15.0；	圆弧加工
N220	X−10.0 Y10.0 R10.0；	圆弧切出
N230	G40 G01 X−5.0 Y−10.0；	取消刀具半径补偿
N240	G00 Z20.0；	抬刀至安全高度
N250	G91 G49 G28 Z0；	取消刀具长度补偿并返回参考点
N260	M09；	切削液关
N270	M05；	主轴停
N280	M30；	程序结束

工序 6　选用 φ30 mm 镗刀镗孔

	O0600；	程序名
N010	G00 G17 G21 G40 G49 G80 G90；	程序初始化
N020	G54 Z50.0；	建立工件坐标系
N030	G91 G28 Z0；	回参考点
N040	T06 M06；	φ30 mm 镗刀
N050	G43 Z20.0 H06；	建立刀具长度补偿
N060	M08；	切削液开
N070	M03 S800；	主轴正转，转速为 800 r/min
N080	X−25.0 Y0；	快速定位至（X−25，Y0）进刀位置
N090	G99 G76 X−25.0 Y0 Z−35.0 R5.0 Q2.0 F20；	固定循环指令，加工第一个孔
N100	G98 X25.0；	加工第二个孔，并返回到初始平面
N110	G80；	取消固定循环指令
N120	G91 G49 G28 Z0；	取消刀具长度补偿并返回参考点
N130	M09；	切削液关
N140	M05；	主轴停止
N150	M30；	程序结束

 提　示

1. 编程加工要点

（1）在使用 G86 固定循环指令时，当连续加工一些孔间距比较小，或者初始平面到 R 平面的距离比较短的孔时，会出现在进入孔开始切削动作前主轴还没有达到正常转速的情况，遇到这种情况时，应在各孔的加工动作之间插入 G04 指令，以获得时间。

（2）G76/G87 程序段中 Q 代表刀具向刀尖相反方向移动距离。

（3）G87 指令编程时，注意刀具进给切削方向是从工件的下方到工件的上方。

（4）为了提高加工效率，在执行固定循环前，应先使主轴旋转。

（5）由于固定循环是模态指令，因此，在固定循环有效期间，如果 X、Y、Z 中的任意一个被改变，就要进行一次孔加工。

（6）在固定循环方式中，刀具半径补偿功能无效。

2. 数控铣刀装夹要点

（1）刀具安装时，要特别注意清洁。镗孔刀具无论是粗加工还是精加工，在安装和装配的各个环节都必须注意清洁。刀柄与机床的装配、刀片的更换等都要将它们擦拭干净，然后安装或装配。

（2）刀具进行预调，其尺寸精度、完好状态必须符合要求。可转位镗刀除单刃镗刀外，一般不采用人工试切的方法，所以加工前的预调就显得非常重要。预调的尺寸必须精确，要调在公差的中下限，并考虑温度等因素，进行修正、补偿。刀具预调可在专用预调仪、机上预调仪或其他量仪上进行。

（3）刀具安装后进行动态跳动检查。动态跳动检查结果是一个综合指标，它反映机床主轴精度、刀具精度以及刀具与机床的连接精度。这个精度如果超过被加工孔要求精度的 1/2 或 2/3 就不能进行加工，需找出原因并消除后才能进行。这一点操作者必须牢记，并严格执行，否则加工出来的孔不能符合要求。

（4）应通过统计或检测的方法确定刀具各部分的寿命，以保证加工精度的可靠性。对于单刃镗刀，这个要求可低一些，但对多刃镗刀，这一点特别重要。可转位镗刀的加工特点是：预先调刀，一次加工达到要求，必须保证刀具不损坏，否则会造成事故。

第三节 攻 螺 纹

一、铣刀选择

在加工内螺纹时，通常采用机用丝锥，如图 6—17 所示。

丝锥的结构如图 6—18 所示。丝锥的工作部分是一段开槽的外螺纹，包括切削部分和校准部分。

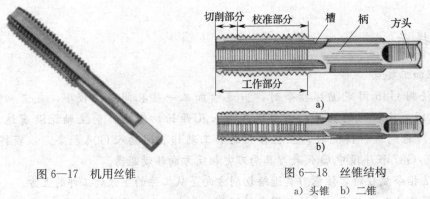

图 6—17　机用丝锥

图 6—18　丝锥结构
a）头锥　b）二锥

二、加工方法

数控机床上加工螺纹，主轴的转速和进给速度是根据螺距配合使用的。即主轴每旋转一周，需要进给一个螺距的距离。编程时进给一般采用每转进给量（G95）。采用螺纹指令来加工螺纹主要包括主轴正转（反转）→加工→反转（正转）→退刀等动作。

三、切削用量

1. 切削速度
攻螺纹的切削速度一般为 5～10 m/min。

2. 底孔尺寸
（1）底孔直径

攻螺纹前要先钻孔，攻螺纹过程中，丝锥牙齿对材料既有切削作用，又有一定的挤压作用，所以一般钻孔直径 D 略大于螺纹的内径，可查表或根据下列经验公式计算：

加工钢料及塑性金属时　$D=d-P$

加工铸铁及脆性金属时　$D=d-1.1P$

式中　d——螺纹外径，mm；

P——螺距，mm。

（2）底孔深度

攻螺纹前底孔的钻孔深度 H 通常在螺纹深度 h 基础上加上 0.7 倍的螺纹直径。其大小按下式计算：

$$H=h+0.7d$$

四、基本编程指令

1. 攻左旋螺纹（G74）
格式：

G74 X＿Y＿Z＿R＿P＿F＿;

G74 循环用于加工左旋螺纹，如图 6—19 所示。执行该循环指令时，刀具快速在 XY 平面定位后，主轴反转，然后快速移动到 R 点，采用进给方式执行螺纹加工，到达孔底后，主轴正转退回到 R 点，最后主轴回复反转，完成攻螺纹加工。

如果 Z 的移动量为零，该指令不执行。

2. 攻右旋螺纹（G84）
格式：

G84 X＿Y＿Z＿R＿P＿F＿;

G84 循环用于加工右旋螺纹，如图 6—20 所示。执行该循环指令时，刀具快速在 XY 平面定位后，主轴正转，然后快速移动到 R 点，采用进给方式执行螺纹加工，到达孔底后，主轴反转退回到 R 点，最后主轴回复正转，完成攻螺纹加工。

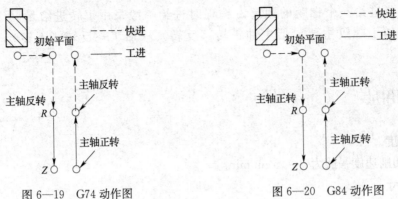

图 6—19　G74 动作图　　　　　　图 6—20　G84 动作图

五、攻螺纹实例

下面以图 6—21 所示为例，编写攻螺纹加工程序。已知毛坯尺寸为 60 mm×50 mm×20 mm。

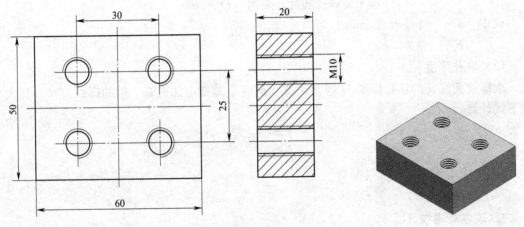

图 6—21　螺纹加工

1. 工艺分析

（1）此零件属于螺纹孔加工零件，四个螺纹孔均为 M10，右旋。由于螺纹孔较小，可以采用丝锥进行加工。

（2）加工步骤为：钻定位孔→钻孔→攻螺纹。

2. 选择切削用量

已知刀具加工材料为碳钢，刀具材料为高速钢，刀具齿数为 2。

（1）中心钻（$\phi3$ mm）

主轴转速 $n=1\,100$ r/min，进给速度 $v_f=55$ mm/min。

（2）钻头（$\phi8.5$ mm）

主轴转速 $n=370$ r/min，进给速度 $v_f=40$ mm/min。

（3）丝锥（M10）

主轴转速 $n=150$ r/min，进给速度 $v_f=1.5$ mm/r。

3. 装夹

采用平口钳配合平行垫铁装夹工件，垫铁应注意摆放位置，避免钻孔时钻头钻入垫铁。

4. 填写数控加工工艺卡

数控加工工艺卡见表 6—10。

表 6—10　　　　　　　　　　　　数控加工工艺卡

单位名称	×××		产品名称或代号		零件名称		零件图号
			×××		螺纹加工		图 6—21
工序号	程序编号		夹具名称		使用设备		车间
×××	×××		平口钳		XK5052		数控中心
工步号	工步内容		刀具号	刀具规格 （mm）	主轴转速 （r/min）	进给速度	背吃刀量 （mm）
1	钻定位孔		T01	$\phi3$	1 100	55 mm/min	1.5
2	钻孔		T02	$\phi8.5$	370	40 mm/min	4.25
3	攻螺纹		T03	M10	150	1.5 mm/r	
编制	××	审核	××	批准	××	年　月　日	共　页　第　页

5. 程序编制

加工程序见表 6—11。

表 6—11　　　　　　　　　　　　程序卡

数控铣床程序卡	编程原点	工件上表面的中心		编程系统	FANUC
	零件名称	螺纹加工	零件图号	图 6—21	材料	45 钢
	机床型号	XK5052	夹具名称	平口钳	实训车间	数控中心

工序 1　选用 $\phi3$ mm 中心钻钻定位孔

程序段号	程序内容	注释
	O0100；	程序名
N010	G00 G17 G21 G40 G49 G80 G90；	程序初始化
N020	G54 Z50.0；	建立工件坐标系
N030	G91 G28 Z0；	回参考点
N040	T01 M06；	$\phi3$mm 中心钻
N050	G90 G43 Z20.0 H01；	建立刀具长度补偿
N060	M08；	切削液开
N070	M03 S1100；	主轴正转 1 100 r/min

N080	X—15.0 Y12.5;	快速定位至（X—15，Y12.5）进刀位置
N090	G99 G81 X—15.0 Y12.5 Z—5.0 R5.0 F55;	固定循环指令，加工第一个孔
N100	Y—12.5;	加工第二个孔
N110	X15.0;	加工第三个孔
N120	G98 Y12.5;	加工第四个孔，并返回到初始平面
N130	G80;	取消固定循环指令
N140	G91 G49 G28 Z0;	取消刀具长度补偿并返回参考点
N150	M09;	切削液关
N160	M05;	主轴停止
N170	M30;	程序结束

工序 2　选用 φ8.5 mm 钻头加工孔

	O0200;	程序名
N010	G00 G17 G21 G40 G49 G80 G90;	程序初始化
N020	G54 Z50.0;	建立工件坐标系
N030	G91 G28 Z0;	回参考点
N040	T02 M06;	φ8.5 mm 钻头
N050	G90 G43 Z20.0 H02;	建立刀具长度补偿
N060	M08;	切削液开
N070	M03 S370;	主轴正转 370 r/min
N080	X—15.0 Y12.5;	快速定位至（X—15，Y12.5）进刀位置
N090	G99 G73 X—15.0 Y12.5 Z—25.0 R5.0 Q5.0 F40;	固定循环指令，加工第一个孔
N100	Y—12.5;	加工第二个孔
N110	X15.0;	加工第三个孔
N120	G98 Y12.5;	加工第四个孔，并返回到初始平面
N130	G80;	取消固定循环指令
N140	G91 G49 G28 Z0;	取消刀具长度补偿并返回参考点
N150	M09;	切削液关
N160	M05;	主轴停止
N170	M30;	程序结束

工序 3　选用 M10 丝锥攻螺纹

	O0300；	程序名
N010	G00 G17 G21 G40 G49 G80 G90 G94；	程序初始化
N020	G54 Z50.0；	建立工件坐标系
N030	G91 G28 Z0；	回参考点
N040	T03 M06；	M10 丝锥
N050	G90 G43 Z20.0 H03；	建立刀具长度补偿
N060	M08；	切削液开
N070	M03 S150；	主轴正转 150 r/min
N080	X−15.0 Y12.5；	快速定位至（X−15，Y12.5）进刀位置
N090	Z10；	下降到进给下刀位置
N100	G95；	每转进给量
N110	G99 G84 X − 15.0 Y12.5 Z − 25.0 R5.0 P1.0 F1.5；	加工第一个螺纹孔，螺距 1.5 mm
N120	Y−12.5；	加工第二个螺纹孔
N130	X15.0；	加工第三个螺纹孔
N140	G98 Y12.5；	加工第四个螺纹孔，并返回到初始平面
N150	G80；	取消固定循环指令
N160	G94；	每分钟进给量
N170	G91 G49 G28 Z0；	取消刀具长度补偿并返回参考点
N180	M09；	切削液关
N190	M05；	主轴停止
N200	M30；	程序结束

提示

1. 编程时注意刀具旋转的高度应高出工件上表面 5 mm，从而使主轴获得正常的转速后再攻入工件。

2. 编程时注意进给速度的转换，即 G94 方式和 G95 方式。

第七章

中级职业技能鉴定实例

实例 1

一、工件图样

如图 7—1 所示，已知毛坯尺寸为 100 mm×80 mm×31 mm，试编写数控加工程序。

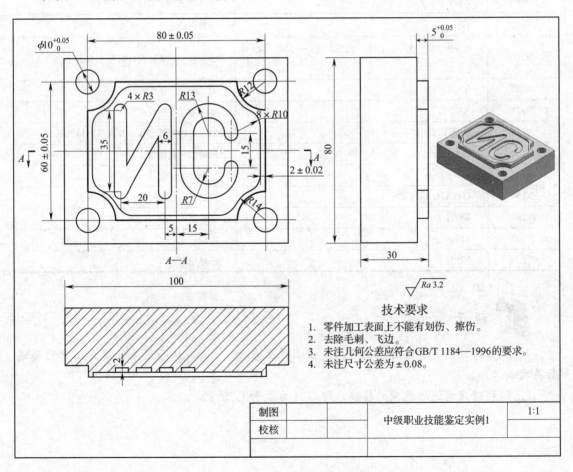

技术要求

1. 零件加工表面上不能有划伤、擦伤。
2. 去除毛刺、飞边。
3. 未注几何公差应符合GB/T 1184—1996的要求。
4. 未注尺寸公差为 ± 0.08。

制图		中级职业技能鉴定实例1	1:1
校核			

图 7—1　中级职业技能鉴定实例1

二、工艺分析

如图 7—1 所示，零件的加工内容较多，主要包括平面加工、轮廓加工、型腔加工、槽加工和孔加工等。为了加工出满足图样要求的零件，根据毛坯尺寸和工件图样确定加工工步如下。

1. 毛坯外形尺寸为 100 mm×80 mm×31 mm。根据图样要求，毛坯的长和宽不需要加工，毛坯的厚度有 1 mm 的加工余量，需要采用 ϕ50 mm 面铣刀进行平面加工。

2. 台阶（80 mm×60 mm）有一定的公差要求，必须采用刀补的方式进行编程，加工时，通过设置不同的刀补值实现轮廓的粗、精加工。台阶轮廓外形中存在四个 R12 mm 的凹圆弧，选择刀具时，刀具半径不能大于 12 mm，本例选择 ϕ16 mm 的平底铣刀。

3. 零件上表面的中心部位属于型腔加工。加工时，选用 ϕ16 mm 的平底铣刀，采用平行双向铣削法对型腔进行粗加工，然后沿着内轮廓进行精加工，并保证 2 mm 的薄壁。

4. 字母"NC"没有公差要求，可以采用 ϕ6 mm 的平底铣刀，沿着槽的中心直接进行加工。

5. 四个孔的位置有一定的公差要求，想要保证位置精度尺寸，必须从工艺上进行控制，本例采用的加工步骤是加工定位孔、钻孔、铰孔。

三、确定加工路径

1. 确定平面加工刀具路径

平面加工刀具路径如图 7—2 所示。刀具从 1 点下刀，到达 2 点后以 40 mm 的刀间距移动到 3 点，最后到达 4 点抬刀。

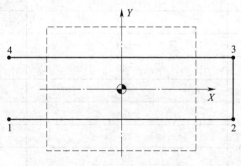

图 7—2　平面加工刀具路径

各基点的坐标见表 7—1。

表 7—1　　　　　　　　　　　　　　　各基点坐标值

基点	X	Y
1	−75	−20
2	75	−20
3	75	20
4	−75	20

2. 确定外轮廓加工刀具路径

外轮廓加工刀具路径如图7—3所示。刀具从1点下刀，从1点到2点建立刀具半径左补偿，从2点到3点直线切入工件，然后依次到达4点→5点→6点→7点→8点→9点→10点→11点，最后从11点到1点取消刀具补偿，到达1点后抬刀至安全高度。

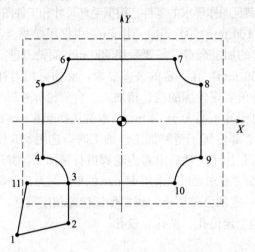

图7—3　外轮廓加工刀具路径

各基点的坐标见表7—2。

表7—2　　　　　　　　　　　　　　　　各基点坐标值

基点	X	Y
1	−53	−55
2	−28	−50
3	−28	−30
4	−40	−18
5	−40	18
6	−28	30
7	28	30
8	40	18
9	40	−18
10	28	−30
11	−48	−30

3. 确定内轮廓加工刀具路径

（1）粗加工刀具路径

内轮廓粗加工刀具路径如图7—4所示。刀具从1点下刀，然后依次到达2点→3点→4点→5点→6点→7点，到达8点后抬刀至安全高度。

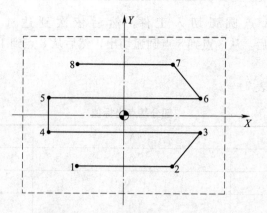

图 7—4　内轮廓粗加工刀具路径

各基点的坐标见表 7—3。

表 7—3　　　　　　　　　　　　　　各基点坐标值

基点	X	Y
1	−19	−19.5
2	19	−19.5
3	29.5	−6.5
4	−29.5	−6.5
5	−29.5	6.5
6	29.5	6.5
7	19	19.5
8	−19	19.5

（2）精加工刀具路径

内轮廓精加工刀具路径如图 7—5 所示。刀具从 1 点下刀，从 1 点到 2 点建立刀具半径

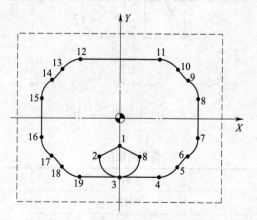

图 7—5　内轮廓精加工刀具路径

左补偿，从 2 点到 3 点圆弧切入工件，然后依次到达 4 点→5 点→6点→7 点……→19点，到3点后，从 3 点到 8 点圆弧切出，然后从 8 点到 1 点取消刀补后抬刀至安全高度。

部分基点的坐标见表7—4。

表 7—4   部分基点坐标值

基点	X	Y
1	0	−13
2	−10	−18
3	0	−28
4	19.215	−28
5	27.876	−23
6	33	−17.876
7	38	−9.215
8	10	−18

4. 确定字母加工刀具路径

字母加工刀具路径如图 7—6 所示。刀具从 1 点下刀，然后依次到达 2 点→3 点，到达 4 点后抬刀，快速移动到 5 点下刀至深度后，依次到达 6 点→7 点，到达 8 点后抬刀至安全高度。

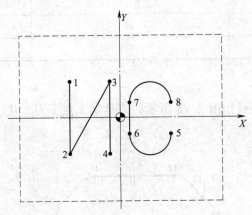

图 7—6 字母加工刀具路径

各基点的坐标见表 7—5。

表 7—5   各基点坐标值

基点	X	Y
1	−25	17.5
2	−25	−17.5

续表

基点	X	Y
3	−5	17.5
4	−5	−17.5
5	25	−7.5
6	5	−7.5
7	5	7.5
8	25	7.5

5. 确定钻孔加工刀具路径

钻孔加工刀具路径如图 7—7 所示。

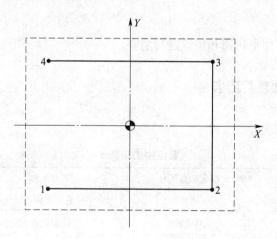

图 7—7   钻孔加工刀具路径

各基点的坐标见表 7—6。

表 7—6   各基点坐标值

基点	X	Y
1	−40	−30
2	40	−30
3	40	30
4	−40	30

四、选择切削用量

切削用量见表 7—7。

表 7—7   切削用量

序号	名称	规格 （mm）	切削速度 （m/min）	主轴转速 （r/min）	进给速度 （mm/min）
1	面铣刀	ϕ50	120	764	183
2	平底铣刀	ϕ16	20	400	40
3	平底铣刀	ϕ6	20	1 062	42
4	中心钻	ϕ3	20	1 100	55
5	钻头	ϕ9.8	20	650	32.5
6	铰刀	ϕ10	5	160	50

五、装夹

根据零件的形状采用平口钳和垫铁进行装夹。

六、填写数控加工工艺卡

数控加工工艺卡见表 7—8。

表 7—8   数控加工工艺卡

单位名称	×××	产品名称或代号		零件名称	零件图号
		×××		鉴定实例1	图 7—1
工序号	程序编号	夹具名称		使用设备	车间
×××	×××	平口钳		XK5052	数控中心
工步号	工步内容	刀具号	刀具规格 （mm）	主轴转速 （r/min）	进给速度 （mm/min）	背吃刀量 （mm）
1	平面加工	T01	ϕ50	764	183	1
2	外轮廓粗加工	T02	ϕ16	400	40	5
	外轮廓精加工	T02	ϕ16	400	40	5
3	内轮廓粗加工	T02	ϕ16	400	40	5
	内轮廓精加工	T02	ϕ16	400	40	5
4	字母加工	T03	ϕ6	1 062	42	2
5	孔加工	T04	ϕ3（中心钻）	1 100	55	1.5
		T05	ϕ9.8（钻头）	650	32.5	4.9
		T06	ϕ10（铰刀）	637	80	0.1
编制	××	审核	××	批准	××	年 月 日	共 页	第 页

七、程序编制

加工程序见表 7—9。

表 7—9　　　　　　　　　　　　　　　程序卡

数控铣床程序卡	编程原点	工件上表面的中心			编程系统	FANUC
	零件名称	鉴定实例 1	零件图号	图 7—1	材料	45 钢
	机床型号	XK5052	夹具名称	平口钳	实训车间	数控中心

工序 1　平面加工参考程序

程序段号	程序内容	注释
	O0100；	程序名
N010	G00 G17 G21 G40 G49 G80 G90 G54；	程序初始化
N020	G91 G28 Z0；	返回机床参考点
N030	T01 M06；	φ50 mm 面铣刀
N040	G90 G43 Z20.0 H01；	建立刀具长度补偿
N050	M08；	切削液开
N060	X−75.0 Y−20.0；	快速定位到下刀位置
N070	M03 S764；	主轴正转 764 r/min
N080	Z5.0；	快速下降到 Z5
N090	G01 Z−1.0 F183；	下降到深度
N100	X75.0；	到 2 点
N110	Y20.0；	到 3 点
N120	X−75.0；	到 4 点
N130	G00 Z20.0；	抬刀至安全高度
N140	M09；	切削液关
N150	M05；	主轴停止
N160	G91 G49 G28 Z0；	取消刀具长度补偿并返回参考点
N170	M30；	程序结束

工序 2　外轮廓加工参考程序

	O0200；	程序名
N010	G00 G17 G21 G40 G49 G80 G90 G54；	程序初始化
N020	G91 G28 Z0；	返回机床参考点

N030	T02 M06；	$\phi16$ mm 平底铣刀
N040	G90 G43 Z20.0 H02；	建立刀具长度补偿
N050	M08；	切削液开
N060	M03 S400；	主轴正转 400 r/min
N070	X-53.0 Y-55.0；	快速定位至（X-53，Y-55）进刀位置
N080	Z5.0；	快速下降到 Z5
N090	G01 Z-5.0 F40；	下降到深度
N100	G41 X-28.0 Y-50.0 D02；	建立刀具半径左补偿（粗刀补值 8.1 mm，精刀补值 8 mm）
N110	Y-30.0；	到 3 点
N120	G03 X-40.0 Y-18.0 R12.0；	到 4 点
N130	G01 Y18.0；	到 5 点
N140	G03 X-28.0 Y30.0 R12.0；	到 6 点
N150	G01 X28.0；	到 7 点
N160	G03 X40.0 Y18.0 R12.0；	到 8 点
N170	G01 Y-18.0；	到 9 点
N180	G03 X28.0 Y-30.0 R12.0；	到 10 点
N190	G01 X-48.0；	到 11 点
N200	G40 X-53.0 Y-55.0	取消刀具半径补偿
N210	G00 Z20.0；	抬刀至安全高度
N220	M09；	切削液关
N230	M05；	主轴停止
N240	G91 G49 G28 Z0；	取消刀具长度补偿并返回参考点
N250	M30；	程序结束

工序 3　内轮廓粗加工参考程序

	O0300；	程序名
N010	G00 G17 G21 G40 G49 G80 G90 G54；	程序初始化
N020	G91 G28 Z0；	返回机床参考点
N030	T02 M06；	$\phi16$ mm 平底铣刀
N040	G90 G43 Z20.0 H02；	建立刀具长度补偿
N050	M08；	切削液开
N060	M03 S400；	主轴正转 400 r/min
N070	X-19.0 Y-19.5；	快速定位至（X-19，Y-19.5）进刀位置

N080	Z5.0;	快速下降到 Z5
N090	G01 Z-2.0 F40;	下降到深度
N100	X19.0;	到 2 点
N110	X29.5 Y-6.5;	到 3 点
N120	X-29.5;	到 4 点
N130	Y6.5;	到 5 点
N140	X29.5;	到 6 点
N150	X19.0 Y19.5;	到 7 点
N160	X-19.0;	到 8 点
N170	G00 Z20.0;	抬刀至安全高度
N180	G91 G49 G28 Z0;	取消刀具长度补偿并返回参考点
N190	M09;	切削液关
N200	M05;	主轴停止
N210	M30;	程序结束

工序 4　内轮廓精加工参考程序

	O0400;	程序名
N010	G00 G17 G21 G40 G49 G80 G90 G54;	程序初始化
N020	G91 G28 Z0;	返回机床参考点
N030	T02 M06;	$\phi16$ mm 平底铣刀
N040	G90 G43 Z20.0 H02;	建立刀具长度补偿
N050	M08;	切削液开
N060	M03 S400;	主轴正转 400 r/min
N070	X0 Y-13.0;	快速定位至（X0，Y-13）进刀位置
N080	Z5.0;	快速下降到 Z5
N090	G01 Z-2.0 F40;	下降到深度
N100	G41 G01 X-10.0 Y-18.0 D02;	建立刀具半径左补偿（粗刀补值 8.1 mm，精刀补值 8 mm）
N110	G03 X0 Y-28.0 R10.0;	圆弧切入
N120	G01 X19.215;	到 4 点
N130	G03 X27.876 Y-23.0 R10.0;	到 5 点
N140	G02 X33.0 Y-17.876 R14.0;	到 6 点
N150	G03 X38.0 Y-9.215 R10.0;	到 7 点
N160	G01 Y9.215;	到 8 点

N170	G03 X33.0 Y17.876 R10.0;	到 9 点
N180	G02 X27.876 Y23.0 R14.0;	到 10 点
N190	G03 X19.215 Y28.0 R10.0;	到 11 点
N200	G01 X-19.215;	到 12 点
N210	G03 X-27.876 Y23.0 R10.0;	到 13 点
N220	G02 X-33.0 Y17.876 R14.0;	到 14 点
N230	G03 X-38.0 Y9.215 R10.0;	到 15 点
N240	G01 Y-9.215;	到 16 点
N250	G03 X-33.0 Y-17.876 R10.0;	到 17 点
N260	G02 X-27.876 Y-23.0 R14.0;	到 18 点
N270	G03 X-19.215 Y-28.0 R10.0;	到 19 点
N280	G01 X0;	到 20 点
N290	G03 X10.0 Y-18.0 R10.0;	圆弧切出
N300	G40 G01 X0 Y-13.0;	取消刀具半径补偿
N310	G00 Z20.0;	抬刀至安全高度
N320	G91 G49 G28 Z0;	取消刀具长度补偿并返回参考点
N330	M09;	切削液关
N340	M05;	主轴停止
N350	M30;	程序结束

工序 5　字母加工参考程序

	O0500;	程序名
N010	G00 G17 G21 G40 G49 G80 G90 G54;	程序初始化
N020	G91 G28 Z0;	返回机床参考点
N030	T03 M06;	ϕ6 mm 平底铣刀
N040	G90 G43 Z20.0 H03;	建立刀具长度补偿
N050	M08;	切削液开
N060	M03 S1062;	主轴正转 1 062 r/min
N070	X-25.0 Y17.5;	快速定位至（X-25，Y17.5）进刀位置
N080	Z5.0;	快速下降到 Z5
N090	G01 Z-4.0 F42;	下降到深度
N100	Y-17.5;	到 2 点
N110	X-5.0 Y17.5;	到 3 点
N120	Y-17.5;	到 4 点

续表

N130	G00 Z5.0；	抬刀至安全高度
N140	X25.0 Y−7.5；	到 5 点
N150	G01 Z−4.0 F42；	下降至深度
N160	G02 X5.0 R10.0；	到 6 点
N170	G01 Y7.5；	到 7 点
N180	G02 X25.0 R10.0；	到 8 点
N190	G00 Z20.0；	抬刀至安全高度
N200	G91 G49 G28 Z0；	取消刀具长度补偿并返回参考点
N210	M09；	切削液关
N220	M05；	主轴停止
N230	M30；	程序结束

工序 6　孔加工参考程序（定位孔）

	O0600；	程序名
N010	G00 G17 G21 G40 G49 G80 G90 G54；	程序初始化
N020	G91 G28 Z0；	返回机床参考点
N030	T04 M06；	φ3 mm 中心钻
N040	G90 G43 Z20.0 H04；	建立刀具长度补偿
N050	X−40.0 Y−30.0；	快速定位至（X−40，Y−30）进刀位置
N060	M03 S1100；	主轴正转 1 100 r/min
N070	G81 X−40.0 Y−30.0 Z−5.0 R5.0 F55；	钻第一个孔
N080	X40.0；	钻第二个孔
N090	Y30.0；	钻第三个孔
N100	X−40.0；	钻第四个孔
N110	G80；	取消固定循环指令
N120	G00 Z20.0；	抬刀至安全高度
N130	G91 G49 G28 Z0；	取消刀具长度补偿并返回参考点
N140	M09；	切削液关
N150	M05；	主轴停止
N160	M30；	程序结束

工序7 孔加工参考程序（钻孔）

	O0700;	程序名
N010	G00 G17 G21 G40 G49 G80 G90 G54;	程序初始化
N020	G91 G28 Z0;	返回机床参考点
N030	T05 M06;	ϕ9.8 mm 钻头
N040	G90 G43 Z20.0 H05;	建立刀具长度补偿
N050	X−40.0 Y−30.0;	快速定位至（X−40，Y−30）进刀位置
N060	M03 S650;	主轴正转 650 r/min
N070	G73 X−40.0 Y−30.0 Z−35.0 R5.0 F32.5;	钻第一个孔
N080	X40.0;	钻第二个孔
N090	Y30.0;	钻第三个孔
N100	X−40.0;	钻第四个孔
N110	G80;	取消固定循环指令
N120	G00 Z20.0;	抬刀至安全高度
N130	G91 G49 G28 Z0;	取消刀具长度补偿并返回参考点
N140	M09;	切削液关
N150	M05;	主轴停止
N160	M30;	程序结束

工序8 孔加工参考程序（铰孔）

	O0800;	程序名
N010	G00 G17 G21 G40 G49 G80 G90 G54;	程序初始化
N020	G91 G28 Z0;	返回机床参考点
N030	T06 M06;	ϕ10 mm 铰刀
N040	G90 G43 Z20.0 H06;	建立刀具长度补偿
N050	X−40.0 Y−30.0;	快速定位至（X−40，Y−30）进刀位置
N060	M03 S160;	主轴正转 160 r/min
N070	G85 X−40.0 Y−30.0 Z−35.0 R5.0 F50;	铰第一个孔
N080	X40.0;	铰第二个孔
N090	Y30.0;	铰第三个孔
N100	X−40.0;	铰第四个孔

续表

N110	G80；	取消固定循环指令
N120	G00 Z20.0；	抬刀至安全高度
N130	G91 G49 G28 Z0；	取消刀具长度补偿并返回参考点
N140	M09；	切削液关
N150	M05；	主轴停止
N160	M30；	程序结束

实例 2

一、工件图样

如图 7—8 所示，毛坯尺寸为 $\phi100$ mm $\times$ 30 mm，试编写数控加工程序。

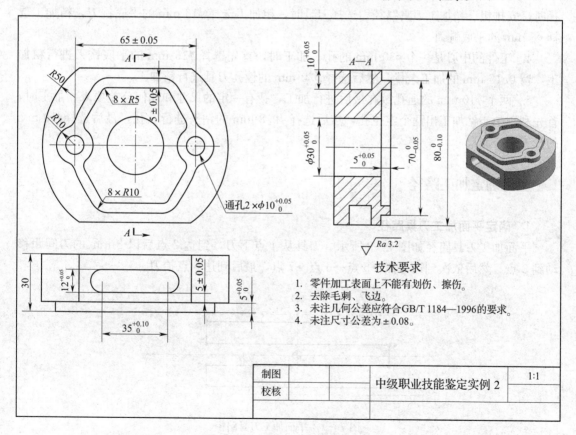

技术要求

1. 零件加工表面上不能有划伤、擦伤。
2. 去除毛刺、飞边。
3. 未注几何公差应符合 GB/T 1184—1996 的要求。
4. 未注尺寸公差为 ±0.08。

| 制图 | | 中级职业技能鉴定实例 2 | 1：1 |
| 校核 | | | |

图 7—8　中级职业技能鉴定实例 2

二、工艺分析

毛坯外形尺寸为 $\phi100$ mm×30 mm，表面为已加工表面，不需要加工。根据图 7—8 所示，零件的主要加工内容包括平面加工、轮廓加工、型腔加工、槽加工和孔加工等。为了加工出满足图样要求的零件，根据工件图样确定加工工步如下。

1. 在 $\phi100$ mm 的圆柱表面上有两个平行的平面，并且在每个平面上各有一个宽度为 12 mm、长为 35 mm 的键槽。平面与键槽有一定的尺寸和几何公差要求。加工时，首先加工第一个平面和平面上的键槽，然后翻转工件加工对面的平面和键槽。选择刀具时为了减少换刀次数，根据键槽宽度选择 $\phi10$ mm 的平底铣刀。

2. 外轮廓是一个近似的正六边形，尺寸为 $70_{-0.05}^{0}$ mm。编程时，可采用刀补的方式进行编程。加工时，通过设置不同的刀补值实现轮廓的粗、精加工。外轮廓中存在四个 $R10$ mm 的凹圆弧，选择刀具时，刀具半径不能大于 10 mm，本例选择 $\phi16$ mm 的平底铣刀。

3. 内轮廓也是一个近似的正六边形，加工时，考虑到残料较多，因此，在设计刀具路径时，安排粗、精加工刀具路径。选择刀具时，粗加工选择 $\phi16$ mm 的平底铣刀，精加工选择 $\phi8$ mm 的平底铣刀。

4. 工件的中心是一个 $\phi30$ mm 的孔，加工时，首先选择 $\phi16$ mm 的平底铣刀进行粗加工，留 0.15 mm 的加工余量，然后选择 $\phi30$ mm 的镗孔刀具进行精加工。

5. 两个 $\phi10$ mm 的通孔放在最后进行加工，孔有一定的尺寸和几何公差要求。加工时，首先利用中心钻加工出两个定位孔，然后选择 $\phi9.8$ mm 的钻头进行钻孔，最后选择 $\phi10$ mm 的铰刀来控制尺寸。

三、确定加工路径

1. 确定平面加工刀具路径

平面加工刀具路径如图 7—9 所示。刀具从 1 点下刀，到达 2 点后以 8 mm 的刀间距移动到 3 点，然后依次到达 4 点→5 点→6 点→7 点，最后到达 8 点抬刀。

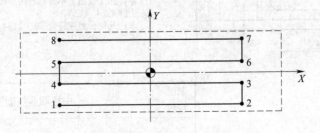

图 7—9　平面加工刀具路径

各基点的坐标见表 7—10。

表 7—10　　　　　　　　　　　　各基点坐标值

基点	X	Y
1	−35	−12
2	35	−12
3	35	−4
4	−35	−4
5	−35	4
6	35	4
7	35	12
8	−35	12

2．确定键槽加工刀具路径

键槽加工刀具路径如图 7—10 所示。刀具从 1 点下刀，由 1 点到 2 点建立刀具半径左补偿，以圆弧半径 5.5 mm 切入到 3 点，然后依次到达 4 点→5 点→6 点→3 点，从 3 点到 7 点圆弧切出，最后由 7 点到 1 点取消刀补抬刀。

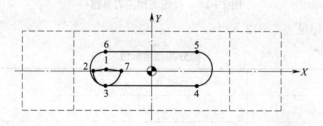

图 7—10　键槽加工刀具路径

各基点的坐标见表 7—11。

表 7—11　　　　　　　　　　　　各基点坐标值

基点	X	Y
1	−17.5	1
2	−23	0.5
3	−17.5	−5
4	17.5	−5
5	17.5	7
6	−17.5	7
7	−12	0.5

3. 确定外轮廓加工刀具路径

外轮廓加工刀具路径如图 7—11 所示。刀具从 1 点下刀，由 1 点到 2 点建立刀具半径左补偿，以圆弧半径 10 mm 切入到 3 点，然后依次到达 4 点→5 点→6 点→……→3 点，从 3 点到 7 点圆弧切出，最后由 7 点到 1 点取消刀补抬刀。

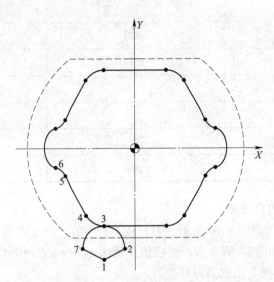

图 7—11　外轮廓加工刀具路径

部分基点的坐标见表 7—12。

表 7—12　　　　　　　　　　　　部分基点坐标值

基点	X	Y
1	-14.434	-50
2	-4.434	-45
3	-14.434	-35
4	-23.094	-30
5	-33.052	-12.752
6	-37.106	-8.876
7	-24.434	-45

4. 确定内轮廓加工刀具路径

（1）内轮廓粗加工刀具路径

内轮廓粗加工刀具路径如图 7—12 所示。刀具从 1 点下刀至深度，然后依次到达 2 点→3 点→4 点→1 点→5 点→6 点……→5 点抬刀。

部分基点的坐标见表 7—13。

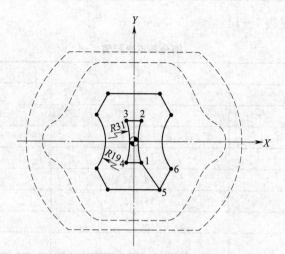

图7—12 内轮廓粗加工刀具路径

表7—13 部分基点坐标值

基点	X	Y
1	2.835	−9
2	2.835	9
3	−2.835	9
4	−2.835	−9
5	12.124	−21
6	17.509	−11.673

（2）内轮廓精加工刀具路径

内轮廓精加工刀具路径如图7—13所示。刀具从1点下刀至深度，由1点到2点建立刀具半径左补偿，以圆弧半径5 mm切入到3点，然后依次到达4点→5点→6点→7点……→3点，从3点到8点圆弧切出，最后由8点到1点取消刀补抬刀。

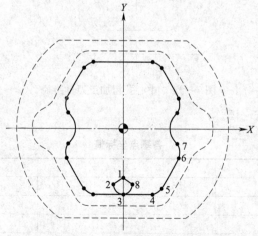

图7—13 内轮廓精加工刀具路径

部分基点的坐标见表 7—14。

表 7—14 　　　　　　　　　　　　　　部分基点坐标值

基点	X	Y
1	0	−22
2	−5	−25
3	0	−30
4	14.434	−30
5	18.764	−27.5
6	26.773	−13.629
7	25.795	−7.419
8	5	−25

5. 确定中心孔粗加工刀具路径

中心孔粗加工刀具路径如图 7—14 所示。刀具从 1 点下刀至深度，由 1 点到 2 点建立刀具半径左补偿，以圆弧半径 10 mm 切入到 3 点，然后执行圆弧加工到达 3 点后，从 3 点到 4 点圆弧切出，最后由 4 点到 1 点取消刀补抬刀。

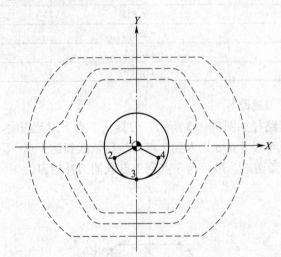

图 7—14　中心孔粗加工刀具路径

各基点的坐标见表 7—15。

表 7—15 　　　　　　　　　　　　　　各基点坐标值

基点	X	Y
1	0	0
2	−10	−5
3	0	−15
4	10	−5

6. 确定铰孔加工刀具路径

铰孔加工刀具路径如图 7—15 所示。

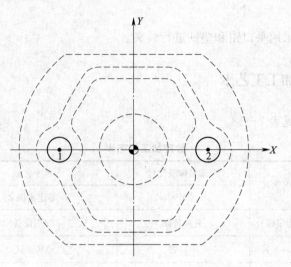

图 7—15　铰孔加工刀具路径

各基点的坐标见表 7—16。

表 7—16　　　　　　　　　　　　　　　各基点坐标值

基点	X	Y
1	−37.5	0
2	37.5	0

四、选择切削用量

切削用量见表 7—17。

表 7—17　　　　　　　　　　　　　　切削用量

序号	名称	规格 (mm)	切削速度 (m/min)	主轴转速 (r/min)	进给速度 (mm/min)
1	平底铣刀	$\phi10$	20	640	64
2	平底铣刀	$\phi16$	20	400	40
3	平底铣刀	$\phi8$	20	800	80
4	镗刀	$\phi30$	20	215	8
5	中心钻	$\phi3$	20	1 100	55
6	钻头	$\phi9.8$	20	650	32.5
7	铰刀	$\phi10$	5	160	50

五、装夹

根据零件的形状采用平口钳和垫铁进行装夹。

六、填写数控加工工艺卡

数控加工工艺卡见表 7—18。

表 7—18　　　　　　　　　　　　　数控加工工艺卡

单位名称	×××	产品名称或代号		零件名称		零件图号
		×××		鉴定实例 2		图 7—8
工序号	程序编号	夹具名称		使用设备		车间
×××	×××	平口钳		XK5052		数控中心
工步号	工步内容	刀具号	刀具规格（mm）	主轴转速（r/min）	进给速度（mm/min）	背吃刀量（mm）
1（3）	平面加工	T01	ϕ10	640	64	5
2（4）	键槽加工	T01	ϕ10	640	64	5
5	外轮廓粗加工	T02	ϕ16	400	40	5
	外轮廓精加工	T02	ϕ16	400	40	5
6	内轮廓粗加工	T02	ϕ16	400	40	5
	内轮廓精加工	T03	ϕ8	800	80	5
7	中心孔粗加工	T02	ϕ16	400	40	5
	中心孔精加工	T04	ϕ30（镗刀）	215	8	0.15
8	孔加工	T05	ϕ3（中心钻）	1 100	55	1.5
		T06	ϕ9.8（钻头）	650	32.5	4.9
		T07	ϕ10（铰刀）	160	50	0.1
编制	××	审核	××	批准	××	年　月　日 共　页　第　页

七、程序编制

加工程序见表 7—19。

表 7—19　　　　　　　　　　　程序卡

数控铣床程序卡	编程原点	工件上表面的中心		编程系统	FANUC
	零件名称	鉴定实例2	零件图号	图7—8	材料	45钢
	机床型号	XK5052	夹具名称	平口钳	实训车间	数控中心

工序1（3）　平面加工参考程序

程序段号	程序内容	注释
	O0100;	程序名
N010	G00 G17 G21 G40 G49 G80 G90 G54;	程序初始化
N020	G91 G28 Z0;	返回机床参考点
N030	T01 M06;	φ10 mm平底铣刀
N040	G90 G43 Z20.0 H01;	建立刀具长度补偿
N050	M08;	切削液开
N060	X−35.0 Y−12.0;	快速定位到下刀位置
N070	M03 S640;	主轴正转 640 r/min
N080	Z5.0;	快速下降到Z5
N090	G01 Z0 F20;	下降到Z0
N100	M98 P0101 L2;	调用子程序0101
N110	G90 G00 Z20.0;	抬刀至安全高度
N120	M09;	切削液关
N130	M05;	主轴停止
N140	G91 G49 G28 Z0;	取消刀具长度补偿并返回参考点
N150	M30;	程序结束

子程序

程序段号	程序内容	注释
N010	O0101;	子程序名
N020	G91 G01 Z−5.0 F64;	下降到深度
N030	G90 X35.0;	到2点
N040	Y−4.0;	到3点
N050	X−35.0;	到4点
N060	Y4.0;	到5点
N070	X35.0;	到6点
N080	Y12.0;	到7点
N090	X−35.0;	到8点
N100	G00 Y12.0;	回到进给下刀位置
N110	M99;	子程序结束

工序 2（4）　键槽加工参考程序

	O0200；	程序名
N010	G00 G17 G21 G40 G49 G80 G90 G54；	程序初始化
N020	G91 G28 Z0；	返回机床参考点
N030	T01 M06；	ϕ10 mm 平底铣刀
N040	G90 G43 Z20.0 H01；	建立刀具长度补偿
N050	M08；	切削液开
N060	M03 S640；	主轴正转 640 r/min
N070	X−17.5 Y1.0；	快速定位至（X−17.5，Y1）进刀位置
N080	Z5.0；	快速下降到 Z5
N090	G01 Z0 F20；	下降到 Z0
N100	M98 P0201 L2；	调用子程序 0201
N110	G90 G00 Z20.0；	抬刀至安全高度
N120	M09；	切削液关
N130	M05；	主轴停止
N140	G91 G49 G28 Z0；	取消刀具长度补偿并返回参考点
N150	M30；	程序结束

子程序

	O0201；	子程序名
N010	G91 G01 Z−5.0 F20；	下降到深度
N020	G90 G41 X−23.0 Y0.5 D01 F64；	建立刀具半径左补偿（粗刀补值 5.1 mm，精刀补值 4.99 mm）
N030	G03 X−17.5 Y−5.0 R5.5；	到 3 点
N040	G01 X17.5；	到 4 点
N050	G03 X17.5 Y7.0 R−6.0；	到 5 点
N060	G01 X−17.5；	到 6 点
N070	G03 X−17.5 Y−5.0 R−6.0；	到 3 点
N080	G03 X−12.0 Y0.5 R5.5；	到 7 点
N090	G40 G01 X−17.5 Y1.0；	取消刀具半径补偿
N100	M99；	子程序结束

工序 5　外轮廓粗、精加工参考程序

	O0300；	程序名
N010	G00 G17 G21 G40 G49 G80 G90 G54；	程序初始化
N020	G91 G28 Z0；	返回机床参考点

N030	T02 M06；	φ16 mm 平底铣刀
N040	G90 G43 Z20.0 H02；	建立刀具长度补偿
N050	M08；	切削液开
N060	M03 S400；	主轴正转 400 r/min
N070	X−14.434 Y−50.0；	快速定位至（X−14.434，Y−50）进刀位置
N080	Z5.0；	快速下降到 Z5
N090	G01 Z−5.0 F40；	下降到深度
N100	G41 X−4.434 Y−45.0 D02；	建立刀具半径左补偿（粗刀补值 8.1 mm，精刀补值 7.98 mm）
N110	G03 X−14.434 Y−35.0 R10.0；	到 3 点
N120	G02 X−23.094 Y−30.0 R10.0；	到 4 点
N130	G01 X−33.052 Y−12.752；	到 5 点
N140	G03 X−37.106 Y−8.876 R10.0；	到 6 点
N150	G02 X−37.106 Y8.876 R10.0；	轮廓加工
N160	G03 X−33.052 Y12.752 R10.0；	轮廓加工
N170	G01 X−23.094 Y30.0；	轮廓加工
N180	G02 X−14.434 Y35.0 R10.0；	轮廓加工
N190	G01 X14.434；	轮廓加工
N200	G02 X23.094 Y30.0 R10.0；	轮廓加工
N210	G01 X33.052 Y12.752；	轮廓加工
N220	G03 X37.106 Y8.876 R10.0；	轮廓加工
N230	G02 X37.106 Y−8.876 R10.0；	轮廓加工
N240	G03 X33.052 Y−12.752 R10.0；	轮廓加工
N250	G01 X23.094 Y−30.0；	轮廓加工
N260	G02 X14.434 Y−35.0 R10.0；	轮廓加工
N270	G01 X−14.434；	轮廓加工
N280	G03 X−24.434 Y−45.0 R10.0；	轮廓加工
N290	G40 G01 X−14.434 Y−50.0；	取消刀具半径补偿
N300	G00 Z20；	抬刀至安全高度
N310	G91 G49 G28 Z0；	取消刀具长度补偿并返回参考点
N320	M09；	切削液关
N330	M05；	主轴停止
N340	M30；	程序结束

工序 6.1　内轮廓粗加工参考程序

	O0400；	程序名
N010	G00 G17 G21 G40 G49 G80 G90 G54；	程序初始化
N020	G91 G28 Z0；	返回机床参考点
N030	T02 M06；	ϕ16 mm 平底铣刀
N040	G90 G43 Z20.0 H02；	建立刀具长度补偿
N050	M08；	切削液开
N060	M03 S400；	主轴正转 400 r/min
N070	X2.835 Y−9.0；	快速定位至（X2.835，Y−9）进刀位置
N080	Z5.0；	快速下降到 Z5
N090	G01 Z−5.0 F40；	下降到深度
N100	G02 X2.835 Y9.0 R31.0；	到 2 点
N110	G01 X−2.835；	到 3 点
N120	G02 X−2.835 Y−9.0 R31.0；	到 4 点
N130	G01 X2.835；	到 1 点
N140	G01 X12.124 Y−21.0；	到 5 点
N150	G01 X17.509 Y−11.673；	到 6 点
N160	G02 X17.509 Y11.673 R19.0；	轮廓加工
N170	G01 X12.124 Y21.0；	轮廓加工
N180	G01 X−12.124；	轮廓加工
N190	G01 X−17.509 Y11.673；	轮廓加工
N200	G02 X−17.509 Y−11.673 R19.0；	轮廓加工
N210	G01 X−12.124 Y−21.0；	轮廓加工
N220	G01 X12.124；	轮廓加工
N230	G00 Z20.0；	抬刀至安全高度
N240	M09；	切削液关
N250	M05；	主轴停止
N260	G91 G49 G28 Z0；	取消刀具长度补偿并返回参考点
N270	M30；	程序结束

工序 6.2　内轮廓精加工参考程序

	O0500；	程序名
N010	G00 G17 G21 G40 G49 G80 G90 G54；	程序初始化
N020	G91 G28 Z0；	返回机床参考点
N030	T03 M06；	ϕ8 mm 平底铣刀

N040	G90 G43 Z20.0 H03；	建立刀具长度补偿
N050	M08；	切削液开
N060	M03 S800；	主轴正转 800 r/min
N070	X0 Y－22.0；	快速定位至（X0，Y－22）进刀位置
N080	Z5.0；	快速下降到 Z5
N090	G01 Z－5.0 F20；	下降到深度
N100	G41 G01 X－5.0 Y－25.0 D03 F80；	建立刀具半径左补偿
N110	G03 X0 Y－30.0 R5.0；	到 3 点
N120	G01 X14.434；	到 4 点
N130	G03 X18.764 Y－27.5 R5.0；	到 5 点
N140	G01 X26.773 Y－13.629；	到 6 点
N150	G03 X25.795 Y－7.419 R5.0；	到 7 点
N160	G02 X25.795 Y7.419 R10.0；	轮廓加工
N170	G03 X26.773 Y13.629 R5.0；	轮廓加工
N180	G01 X18.764 Y27.5；	轮廓加工
N190	G03 X14.434 Y30.0 R5.0；	轮廓加工
N200	G01 X－14.434；	轮廓加工
N210	G03 X－18.764 Y27.5 R5.0；	轮廓加工
N220	G01 X－26.773 Y13.629；	轮廓加工
N230	G03 X－25.795 Y7.419 R5.0；	轮廓加工
N240	G02 X－25.795 Y－7.419 R10.0；	轮廓加工
N250	G03 X－26.773 Y－13.629 R5.0；	轮廓加工
N260	G01 X－18.764 Y－27.5；	轮廓加工
N270	G03 X－14.434 Y－30.0 R5.0；	轮廓加工
N280	G01 X0；	轮廓加工
N290	G03 X5.0 Y－25.0 R5.0；	圆弧切出
N300	G40 G01 X0 Y－22.0；	取消刀具半径补偿
N310	G00 Z20.0；	抬刀至安全高度
N320	M09；	切削液关
N330	M05；	主轴停止
N340	G91 G49 G28 Z0；	取消刀具长度补偿并返回参考点
N350	M30；	程序结束

续表

工序 7.1　中心孔粗加工参考程序

	O0600；	程序名
N010	G00 G17 G21 G40 G49 G80 G90 G54；	程序初始化
N020	G91 G28 Z0；	返回机床参考点
N030	T02 M06	ϕ16 mm 平底铣刀
N040	G90 G43 Z20.0 H02；	建立刀具长度补偿
N050	M08；	切削液开
N060	M03 S400；	主轴正转 400 r/min
N070	X0 Y0；	快速定位至（X0，Y0）进刀位置
N080	Z5.0；	快速下降到 Z5
N090	G01 Z-5.0 F40；	下降到 Z-5
N100	M98 P0601 L5；	调用子程序 0601
N110	G90 G00 Z20.0；	抬刀至安全高度
N120	M09；	切削液关
N130	M05；	主轴停止
N140	G91 G49 G28 Z0；	取消刀具长度补偿并返回参考点
N150	M30；	程序结束

子程序

	O0601；	子程序名
N010	G91 G01 Z-5.0 F40；	下降到深度
N020	G90 G41 G01 X-10.0 Y-5.0 D02；	建立刀具半径左补偿
N030	G03 X0 Y-15.0 R10.0；	到 3 点
N040	G03 J15.0；	轮廓加工
N050	G03 X10.0 Y-5.0 R10.0；	圆弧切出
N060	G40 G01 X0 Y0；	取消刀具半径补偿
N070	M99；	子程序结束

工序 7.2　中心孔精加工参考程序

	O0700；	程序名
N010	G00 G17 G21 G40 G49 G80 G90 G54；	程序初始化
N020	G91 G28 Z0；	返回机床参考点
N030	T04 M06；	ϕ30 mm 镗刀
N040	G90 G43 Z20.0 H04；	建立刀具长度补偿
N050	M08；	切削液开
N060	M03 S215；	主轴正转 215 r/min

N070	X0 Y0;	快速定位至（X0，Y0）进刀位置
N080	G76 X0 Y0 Z－35.0 R5.0 Q2.0 F8;	精镗孔
N090	G80;	取消循环指令
N100	G90 G00 Z20.0;	抬刀至安全高度
N110	M09;	切削液关
N120	M05;	主轴停止
N130	G91 G49 G28 Z0;	取消刀具长度补偿并返回参考点
N140	M30;	程序结束

工序 8.1 孔（定位孔）加工参考程序

	O0800;	程序名
N010	G00 G17 G21 G40 G49 G80 G90 G54;	程序初始化
N020	G91 G28 Z0;	返回机床参考点
N030	T05 M06;	ϕ3 mm 中心钻
N040	G90 G43 Z20.0 H05;	建立刀具长度补偿
N050	M08;	切削液开
N060	M03 S1100;	主轴正转 1 100 r/min
N070	X－37.5 Y0;	快速定位至（X－37.5，Y0）进刀位置
N080	G81 X－37.5 Y0 Z－5.0 R5.0 F55;	钻第一个孔
N090	X37.5;	钻第二个孔
N100	G80;	取消循环指令
N110	G90 G00 Z20.0;	抬刀至安全高度
N120	M09;	切削液关
N130	M05;	主轴停止
N140	G91 G49 G28 Z0;	取消刀具长度补偿并返回参考点
N150	M30;	程序结束

工序 8.2 孔加工（钻孔）参考程序

	O0900;	程序名
N010	G00 G17 G21 G40 G49 G80 G90 G54;	程序初始化
N020	G91 G28 Z0;	返回机床参考点
N030	T06 M06;	ϕ9.8 mm 钻头
N040	G90 G43 Z20.0 H06;	建立刀具长度补偿
N050	M08;	切削液开

N060	M03 S650；	主轴正转 650 r/min
N070	X−37.5 Y0；	快速定位至（X−37.5，Y0）进刀位置
N080	G73 X−37.5 Y0 Z−35.0 R5.0 Q5.0 F32.5；	钻第一个孔
N090	X37.5；	钻第二个孔
N100	G80；	取消循环指令
N110	G90 G00 Z20.0；	抬刀至安全高度
N120	M09；	切削液关
N130	M05；	主轴停止
N140	G91 G49 G28 Z0；	取消刀具长度补偿并返回参考点
N150	M30；	程序结束

工序 8.3　孔加工（铰孔）参考程序

	O1000；	程序名
N010	G00 G17 G21 G40 G49 G80 G90 G54；	程序初始化
N020	G91 G28 Z0；	返回机床参考点
N030	T07 M06；	φ10 mm 铰刀
N040	G90 G43 Z20.0 H07；	建立刀具长度补偿
N050	M08；	切削液开
N060	M03 S160；	主轴正转 160 r/min
N070	X−37.5 Y0；	快速定位至（X−37.5，Y0）进刀位置
N080	G85 X−37.5 Y0 Z−35.0 R5.0 F50；	铰第一个孔
N090	X37.5；	铰第二个孔
N100	G80；	取消循环指令
N110	G90 G00 Z20.0；	抬刀至安全高度
N120	M09；	切削液关
N130	M05；	主轴停止
N140	G91 G49 G28 Z0；	取消刀具长度补偿并返回参考点
N150	M30；	程序结束

实例 3

一、工件图样

如图 7—16、图 7—17 所示为一对配合工件，已知图 7—16 的毛坯尺寸为 100 mm×80 mm×30 mm，图 7—17 的毛坯尺寸为 100 mm×80 mm×10 mm。试编写数控加工程序。

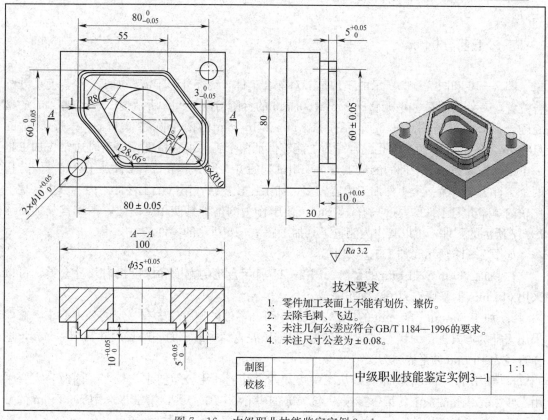

图 7—16 中级职业技能鉴定实例 3—1

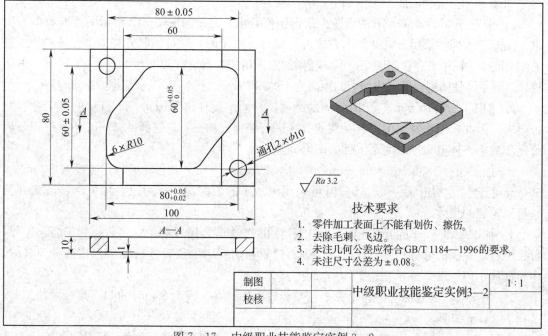

图 7—17 中级职业技能鉴定实例 3—2

二、工艺分析

图 7—16 和图 7—17 所示的工件是一对配合工件，毛坯外形不需要加工，工件有两处配合位置，一处为图 7—16 所示 80 mm×60 mm 的台阶与图 7—17 所示 80 mm×60 mm 的型腔配合；另一处为图 7—16 所示的 ϕ10 mm×10 mm 的两个圆柱体与图 7—17 所示的 ϕ10 mm×10 mm 的两个圆孔配合。为了能够保证两个工件配合精度，加工时通常先加工出一个工件作为另一个工件的测量工具，采用试配的方式逐步把第二个工件加工到尺寸。分析两个工件可知，第一个工件加工内容较多，加工比较复杂，第二个工件加工内容较少，加工比较简单，并且工件的厚度只有 10 mm，便于作为测量工具使用。因此，本例首先加工图 7—17 所示的零件，再以其作为测量工具加工图 7—16 所示的零件。

如图 7—17 所示，加工工步如下。

1. 加工 60 mm×1 mm 的台阶。图 7—17 所示台阶的宽度和深度没有尺寸公差，可以采用 ϕ16 mm 的平底铣刀一次加工完成。

2. 加工 80 mm×60 mm 的型腔。从图中可知零件的型腔轮廓有一定的公差要求，需要采用刀补的方式进行编程。选择刀具时，根据型腔轮廓中最小的凹圆弧尺寸为 R10 mm，选择直径为 16 mm 的平底铣刀。

3. 加工 ϕ10 mm 的两个孔。从图中可知两个孔的孔距公差要求比较严。因此，需要采用三步来完成孔的加工，第一步选用 ϕ3 mm 的中心钻钻中心孔，第二步选用 ϕ9.8 mm 的钻头钻孔，第三步选用 ϕ10 mm 的铰刀铰孔，从而保证两个孔的尺寸公差和几何公差。

如图 7—16 所示，加工工步如下。

1. 加工 80 mm×60 mm 的台阶。根据图样要求，台阶与图 7—17 所示的型腔有配合要求。因此，编程时采用刀具补偿的方式进行编程。加工时，通过控制刀补值来保证两个工件的配合间隙。图中不存在凹圆弧，但是在图的左下角和右上角有两个 ϕ10 mm、高 10 mm 的圆柱体，测量圆柱体到台阶斜边最短的距离为 15.358 mm，因此，本工步选择 ϕ12 mm 刀具。

2. 加工两个 ϕ10 mm、高 10 mm 的圆柱体。两个圆柱体与图 7—17 所示的两个孔有配合要求。因此，编程时采用刀具补偿的方式进行编程。加工时，选择 ϕ12 mm 平底铣刀，通过逐步减小刀补值来控制两个工件的配合间隙。

3. 加工相对于 80 mm×60 mm 台阶缩小 1 mm 的台阶。此台阶的外形轮廓与 80 mm×60 mm 的台阶轮廓形状一致。编程时可采用工步 1 的数控程序，用改变加工深度和刀补值来控制轮廓的尺寸。

4. 加工壁厚 3 mm 的型腔轮廓。考虑到型腔轮廓与台阶轮廓形状一致，为了简化编程，可采用台阶轮廓的部分程序，通过改变进刀位置和切入切出位置进行编程。在选择刀具时，应根据最小内轮廓 7 mm，选择 ϕ10 mm 刀具。

5. 加工形状为菱形的型腔轮廓。在型腔轮廓中存在半径为 8 mm 的凹圆弧，故加工时，选择 ϕ12 mm 刀具。

6. 加工孔（ϕ35 mm）。从图中可知孔有一定的公差要求，加工时，采用钻、扩、镗的方式来保证孔的尺寸，其中在扩孔时为镗孔预留 0.15 mm 的加工余量。选择刀具时，分别选择 φ9.8 mm 的钻头、φ16 mm 的平底铣刀和 φ35 mm 的镗刀。

三、确定加工路径

1. 确定图 7—17 所示工件的加工刀具路径

（1）60 mm×1 mm 台阶的加工刀具路径

60 mm×1 mm 台阶的加工刀具路径如图 7—18 所示。刀具从 1 点下刀，然后依次到达 2 点→3 点→4 点，并在 4 点抬刀至工件安全高度快速移动到 5 点下刀，然后依次到达 6 点→7 点→8 点，并在 8 点抬刀至工件的安全高度。

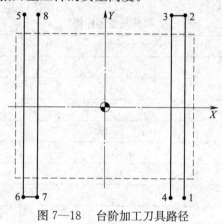

图 7—18　台阶加工刀具路径

各基点的坐标见表 7—20。

表 7—20　　　　　　　　　　　各基点坐标值

基点	X	Y
1	46	−50
2	46	50
3	38	50
4	38	−50
5	−46	50
6	−46	−50
7	−38	−50
8	−38	50

（2）80 mm×60 mm 型腔的加工刀具路径

80 mm×60 mm 型腔的加工刀具路径如图 7—19 所示。刀具从 1 点下刀至深度后，由 1 点到 2 点建立刀具半径左补偿，并以圆弧半径 10 mm 切入工件，然后依次到达 3 点→4 点→5 点……3 点，从 3 点以圆弧半径 10 mm 切出工件到达 10 点，从 10 点到 1 点取消刀具半径补偿。

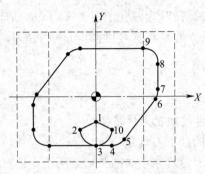

图 7—19 型腔加工刀具路径

部分基点的坐标见表 7—21。

表 7—21   部分基点坐标值

基点	X	Y
1	0	—15
2	—10	—20
3	0	—30
4	10.194	—30
5	18.002	—26.247
6	37.809	—1.489
7	40	4.758
8	40	20
9	30	30
10	10	—20

（3）ϕ10 mm 两个孔的加工刀具路径

ϕ10 mm 两个孔的加工刀具路径如图 7—20 所示。

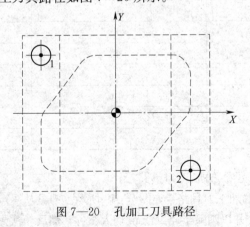

图 7—20 孔加工刀具路径

各基点的坐标见表 7—22。

表7—22　　　　　　　　　　各基点坐标值

基点	X	Y
1	−40	30
2	40	−30

2．确定图7—16所示工件的加工刀具路径

（1）80 mm×60 mm台阶的加工刀具路径

80 mm×60 mm台阶的加工刀具路径如图7—21所示。刀具从1点下刀至深度，由1点到2点建立刀具半径左补偿，以圆弧半径10 mm切入工件到3点，然后依次到达4点→5点……3点，再以圆弧半径10 mm切出工件到9点，最后通过9点到1点取消刀补。

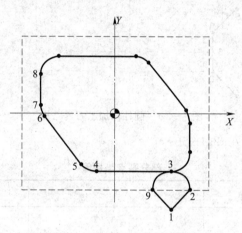

图7—21　台阶加工刀具路径

部分基点的坐标见表7—23。

表7—23　　　　　　　　　　部分基点坐标值

基点	X	Y
1	30	−50
2	40	−40
3	30	−30
4	−10.194	−30
5	−18.002	−26.247
6	−37.809	−1.489
7	−40	4.758
8	−40	20
9	20	−40

（2）φ10 mm 圆柱体的加工刀具路径

φ10 mm 圆柱体的加工刀具路径如图 7—22 所示。刀具从 1 点下刀至深度后，由 1 点到 2 点建立刀具左补偿，沿 2 点到 3 点直线切入工件执行圆柱加工，再沿着 3 点到 4 点直线切出，最后由 4 点到 5 点取消刀具半径补偿并抬刀至安全高度，快速移动到 6 点，用同样的方法加工第二个圆柱。

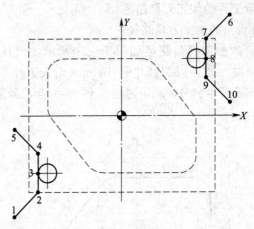

图 7—22   圆柱体加工刀具路径

部分基点的坐标见表 7—24。

表 7—24   部分基点坐标值

基点	X	Y
1	−58	−53
2	−45	−40
3	−45	−30
4	−45	−20
5	−58	−7

（3）1 mm 台阶的加工刀具路径

此加工刀具路径采用步骤 1 的加工程序。

（4）壁厚 3 mm 型腔轮廓的加工刀具路径

型腔轮廓加工刀具路径与 80 mm×60 mm 台阶的加工刀具路径大致相同，如图 7—23 所示，不同之处是刀具的进刀位置和刀具补偿的方式，80 mm×60 mm 台阶的刀具路径的进刀位置在工件以外，刀补为左刀补；型腔轮廓的刀具路径的进刀位置在工件以内，刀补为右刀补。如图 7—23 所示，加工时，刀具从 1 点下刀至深度后，由 1 点到 2 点建立刀具右补偿，沿圆弧半径 9 切入工件到 3 点，然后依次到达 4 点→5 点……到达 3 点后以圆弧半径 9 切出工件到 9 点，最后取消刀具半径补偿。

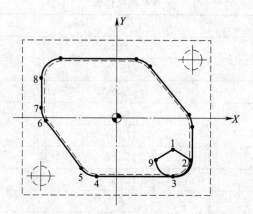

图 7—23　型腔轮廓加工刀具路径

部分基点的坐标见表 7—25。

表 7—25 部分基点坐标值

基点	X	Y
1	30	−16
2	39	−21
9	21	−21

（5）菱形型腔轮廓的加工刀具路径

菱形型腔轮廓加工刀具路径如图 7—24 所示。刀具从 1 点下刀至深度，由 1 点到 2 点建立刀补，沿 2 点到 3 点以圆弧半径 10 mm 切入工件，然后依次到达 4 点→5 点……10 点→3 点，以圆弧半径 10 mm 切出工件到 11 点，最后由 11 点到 1 点取消刀具半径右补偿。

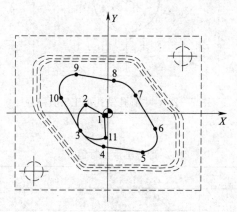

图 7—24　菱形型腔轮廓加工刀具路径

各基点的坐标见表 7—26。

表 7—26   各基点坐标值

基点	X	Y
1	−2.135	−1.3
2	−11.606	4.641
3	−14.947	−9.101
4	−2.652	−17.298
5	17.509	−20.388
6	25.554	−8.32
7	14.947	9.101
8	2.652	17.298
9	−17.509	20.388
10	−25.554	8.32
11	−1.206	−12.442

（6）铣孔（ϕ35 mm）加工刀具路径

ϕ35 mm 中心孔铣孔加工刀具路径如图 7—25 所示。刀具从 1 点下刀至深度，由 1 点到 2 点建立左刀补，沿圆弧 10 mm 切入工件到 3 点，然后执行圆加工，到达 3 点后，以圆弧半径 10 mm 切出工件到 4 点，最后由 4 点到 1 点取消刀具半径补偿。

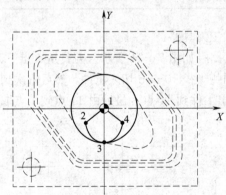

图 7—25　中心孔铣孔加工刀具路径

部分基点的坐标见表 7—27。

表 7—27   部分基点坐标值

基点	X	Y
1	0	0
2	−10	−7.5
3	0	−17.5
4	10	−7.5

四、选择切削用量

切削用量见表 7—28。

表 7—28　　　　　　　　　　　　　　切削用量

序号	名称	规格	切削速度 （m/min）	主轴转速 （r/min）	进给速度 （mm/min）
1	平底铣刀	$\phi16$ mm	20	400	40
2	中心钻	$\phi3$ mm	20	1 100	55
3	钻头	$\phi9.8$ mm	20	650	32.5
4	铰刀	$\phi10$ mm	5	160	50
5	平底铣刀	$\phi12$ mm	20	530	53
6	平底铣刀	$\phi10$ mm	20	640	64
7	镗刀	$\phi35$ mm	20	180	7

五、装夹

根据零件的形状采用平口钳和垫铁进行装夹。

六、填写数控加工工艺卡

如图 7—17 所示，数控加工工艺卡见表 7—29。

表 7—29　　　　　　　　　　　　　数控加工工艺卡

单位名称	×××	产品名称或代号		零件名称	零件图号
		×××		鉴定实例（3—2）	图 7—17
工序号		程序编号	夹具名称	使用设备	车间
×××		×××	平口钳	XK5052	数控中心
工步号	工步内容	刀具号	刀具规格 （mm）	主轴转速 （r/min）	进给速度 （mm/min）	背吃刀量 （mm）
1	台阶加工	T01	$\phi16$	400	40	1
2	80 mm×60 mm 型腔加工	T01	$\phi16$	400	40	5

工步号	工步内容	刀具号	刀具规格 （mm）	主轴转速 （r/min）	进给速度 （mm/min）	背吃刀量 （mm）
		T02	ϕ3（中心钻）	1 100	55	1.5
3	铰孔加工	T03	ϕ9.8（钻头）	650	32.5	4.9
		T04	ϕ10（铰刀）	160	50	0.1
编制	××	审核	××	批准 ××	年 月 日	共 页 第 页

如图 7—16 所示，数控加工工艺卡见表 7—30。

表 7—30 数控加工工艺卡

单位名称	×××	产品名称或代号		零件名称	零件图号
		×××		鉴定实例（3—1）	图 7—16
工序号	程序编号	夹具名称		使用设备	车间
×××	×××	平口钳		XK5052	数控中心

工步号	工步内容	刀具号	刀具规格 （mm）	主轴转速 （r/min）	进给速度 （mm/min）	背吃刀量 （mm）
1	80 mm×60 mm 台阶加工	T05	ϕ12	530	53	5
2	ϕ10 mm 圆 柱体加工	T05	ϕ12	530	53	5
3	1 mm 台阶加工	T05	ϕ12	530	53	5
4	型腔轮廓加工	T06	ϕ10	640	64	5
5	菱形型腔 轮廓加工	T05	ϕ12	530	53	5
6	镗孔加工	T03	ϕ9.8（钻头）	650	32.5	4.9
		T01	ϕ16	400	40	5
		T07	ϕ35（镗刀）	180	7	0.1
编制	××	审核	××	批准 ××	年 月 日	共 页 第 页

七、程序编制

图 7—17 加工程序见表 7—31。

表 7—31   程序卡

数控铣床程序卡	编程原点		工件上表面的中心		编程系统	FANUC
	零件名称	鉴定实例（3—2）	零件图号	图 7—17	材料	45 钢
	机床型号	XK5052	夹具名称	平口钳	实训车间	数控中心

工序 1　台阶加工参考程序

程序段号	程序内容	注释
	O0100；	程序名
N010	G00 G17 G21 G40 G49 G80 G90 G54；	程序初始化
N020	G91 G28 Z0；	返回机床参考点
N030	T01 M06；	φ16 mm 平底铣刀
N040	G90 G43 Z20.0 H01；	建立刀具长度补偿
N050	M08；	切削液开
N060	X46.0 Y−50.0；	快速定位到下刀位置
N070	M03 S400；	主轴正转 400 r/min
N080	Z5.0；	快速下降到 Z5
N090	G01 Z−1.0 F40；	下降到 Z−1
N100	Y50.0；	到 2 点
N110	X38.0；	到 3 点
N120	Y−50.0；	到 4 点
N130	G00 Z20.0；	抬刀至安全高度
N140	X−46.0 Y50.0；	快速定位到下刀位置
N150	Z5.0；	快速下降到 Z5
N160	G01 Z−1.0 F40；	下降到 Z−1
N170	Y−50.0；	到 6 点
N180	X−38.0；	到 7 点
N190	Y50.0；	到 8 点

N200	G00 Z20.0；	抬刀至安全高度
N210	M09；	切削液关
N220	M05；	主轴停止
N230	G91 G49 G28 Z0；	取消刀具长度补偿并返回参考点
N240	M30；	程序结束

工序 2　型腔加工参考程序

	O0200；	主程序名
N010	G00 G17 G21 G40 G49 G80 G90 G54；	程序初始化
N020	G91 G28 Z0；	返回机床参考点
N030	T01 M06；	ϕ16 mm 平底铣刀
N040	G90 G43 Z20.0 H01；	建立刀具长度补偿
N050	M08；	切削液开
N060	X0 Y−15.0；	快速定位到下刀位置
N070	M03 S400；	主轴正转 400 r/min
N080	Z5.0；	快速下降到 Z5
N090	G01 Z−1.0 F40；	下降到 Z−1
N100	M98 P0201 L2；	调用子程序两次
N110	G00 Z20.0；	抬刀至安全高度
N120	M09；	切削液关
N130	M05；	主轴停止
N140	G91 G49 G28 Z0；	取消刀具长度补偿并返回参考点
N150	M30；	程序结束

子程序

	O0201；	子程序名
N010	G91 Z−5.0；	下降到深度
N020	G90 G41 G01 X−10.0 Y−20.0 D01；	建立刀具半径补偿（粗刀补值 8.1 mm，精刀补值 7.98 mm）
N030	G03 X0 Y−30.0 R10.0；	圆弧切入

N040	G01 X10.194；	到 4 点
N050	G03 X18.002 Y－26.247 R10.0；	到 5 点
N060	G01 X37.809 Y－1.489；	到 6 点
N070	G03 X40.0 Y4.758 R10.0；	轮廓加工
N080	G01 Y20.0；	轮廓加工
N090	G03 X30.0 Y30.0 R10.0；	轮廓加工
N100	G01 X－10.194；	轮廓加工
N110	G03 X－18.002 Y26.247 R10.0；	轮廓加工
N120	G01 X－37.809 Y1.489；	轮廓加工
N130	G03 X－40.0 Y－4.758 R10.0；	轮廓加工
N140	G01 Y－20.0；	轮廓加工
N150	G03 X－30.0 Y－30.0 R10.0；	轮廓加工
N160	G01 X0；	轮廓加工
N170	G03 X10.0 Y－20.0 R10.0；	轮廓加工
N180	G40 G01 X0 Y－15.0；	取消刀具半径补偿
N190	M99；	子程序结束

工序 3.1　孔加工（中心钻）

	O0300；	程序名
N010	G00 G17 G21 G40 G49 G80 G90 G54；	下降到深度
N020	G91 G28 Z0；	返回到换刀点
N030	T02 M06；	$\phi 3$ mm 中心钻
N040	G90 G43 Z20.0 H02；	建立刀具长度补偿
N050	M08；	切削液开
N060	X－40.0 Y30.0；	到 1 点
N070	M03 S1100；	主轴正转 1 100 r/min
N080	G81 X－40.0 Y30.0 Z－5.0 R5.0 F55；	钻第一个孔
N090	X40.0 Y－30.0；	钻第二个孔
N100	G80；	取消固定循环指令
N110	G00 Z20.0；	抬刀至安全高度
N120	M09；	切削液关
N130	M05；	主轴停止
N140	G91 G49 G28 Z0；	取消刀具长度补偿并返回参考点
N150	M30；	程序结束

工序 3.2　孔加工（钻孔）

	O0400；	程序名
N010	G00 G17 G21 G40 G49 G80 G90 G54；	下降到深度
N020	G91 G28 Z0；	返回到换刀点
N030	T03 M06；	φ9.8 mm 钻头
N040	G90 G43 Z20.0 H03；	建立刀具长度补偿
N050	M08；	切削液开
N060	X−40.0 Y30.0；	到 1 点
N070	M03 S650；	主轴正转 650 r/min
N080	G73 X−40.0 Y30.0 Z−15.0 Q5.0 R5.0 F32.5；	钻第一个孔
N090	X40.0 Y−30.0；	钻第二个孔
N100	G80；	取消固定循环指令
N110	G00 Z20.0；	抬刀至安全高度
N120	M09；	切削液关
N130	M05；	主轴停止
N140	G91 G49 G28 Z0；	取消刀具长度补偿并返回参考点
N150	M30；	程序结束

工序 3.3　孔加工（铰孔）

	O0500；	程序名
N010	G00 G17 G21 G40 G49 G80 G90 G54；	下降到深度
N020	G91 G28 Z0；	返回到换刀点
N030	T04 M06；	φ10 mm 铰刀
N040	G90 G43 Z20.0 H04；	建立刀具长度补偿
N050	M08；	切削液开
N060	X−40.0 Y30.0；	到 1 点
N070	M03 S160；	主轴正转 160 r/min
N080	G85 X−40.0 Y30.0 Z−12.0 R5.0 F50；	铰第一个孔
N090	X40.0 Y−30.0；	铰第二个孔
N100	G80；	取消固定循环指令
N110	G00 Z20.0；	抬刀至安全高度
N120	M09；	切削液关
N130	M05；	主轴停止
N140	G91 G49 G28 Z0；	取消刀具长度补偿并返回参考点
N150	M30；	程序结束

图 7—16 加工程序见表 7—32。

表 7—32 程序卡

数控铣床程序卡	编程原点		工件上表面的中心		编程系统	FANUC
	零件名称	鉴定实例 (3—1)	零件图号	图 7—16	材料	45 钢
	机床型号	XK5052	夹具名称	平口钳	实训车间	数控中心

工序 1 台阶加工参考程序（工序 3 1 mm 台阶加工参考程序）

程序段号	程序内容	注释
	O0600;	程序名
N010	G00 G17 G21 G40 G49 G80 G90 G54;	程序初始化
N020	G91 G28 Z0;	返回机床参考点
N030	T05 M06;	$\phi12$ mm 平底铣刀
N040	G90 G43 Z20.0 H05;	建立刀具长度补偿
N050	M08;	切削液开
N060	X30.0 Y—50.0;	快速定位到下刀位置
N070	M03 S530;	主轴正转 530 r/min
N080	Z5.0;	快速下降到 Z5
N090	G01 Z0 F53;	下降到 Z0
N100	M98 P0601 L2;	调用子程序两次
N110	G00 Z20.0;	抬刀至安全高度
N120	M09;	切削液关
N130	M05;	主轴停止
N140	G91 G49 G28 Z0;	取消刀具长度补偿并返回参考点
N150	M30;	程序结束

子程序

	O0601;	子程序名
N010	G91 Z—5.0;	下降到深度
N020	G90 G41 G01 X40.0 Y—40.0 D05;	建立刀具半径左补偿（粗刀补值 6.1 mm，精刀补值 5.98 mm）

N030	G03 X30.0 Y—30.0 R10.0；	圆弧切入
N040	G01 X—10.194；	到 4 点
N050	G02 X—18.002 Y—26.247 R10.0；	到 5 点
N060	G01 X—37.809 Y—1.489；	到 6 点
N070	G02 X—40.0 Y4.758 R10.0；	轮廓加工
N080	G01 Y20.0；	轮廓加工
N090	G02 X—30.0 Y30.0 R10.0；	轮廓加工
N100	G01 X10.194；	轮廓加工
N110	G02 X18.002 Y26.247 R10.0；	轮廓加工
N120	G01 X37.809 Y1.489；	轮廓加工
N130	G02 X40.0 Y—4.758 R10.0；	轮廓加工
N140	G01 Y—20.0；	轮廓加工
N150	G02 X30.0 Y—30.0 R10.0；	轮廓加工
N160	G03 X20.0 Y—40.0 R10.0；	轮廓加工
N170	G40 G01 X30.0 Y—50.0；	取消刀具半径补偿
N180	M99；	子程序结束

工序 2　圆柱体加工参考程序

程序段号	程序内容	注释
	O0700；	程序名
N010	G00 G17 G21 G40 G49 G80 G90 G54；	程序初始化
N020	G91 G28 Z0；	返回机床参考点
N030	T05 M06；	ϕ12 mm 平底铣刀
N040	G90 G43 Z20.0 H05；	建立刀具长度补偿
N050	M08；	切削液开
N060	X—58.0 Y—53.0；	快速定位到下刀位置
N070	M03 S530；	主轴正转 530 r/min
N080	Z5.0；	快速下降到 Z5
N090	G01 Z0 F53；	下降到 Z0
N100	M98 P0701 L2；	调用子程序 0701 两次
N110	G90 G00 Z5.0；	抬刀至安全高度
N120	X58.0 Y53.0；	快速定位到下刀位置
N130	G01 Z0 F53；	下降到 Z0

N140	M98 P0702 L2;	调用子程序 0702 两次
N150	G90 G00 Z20.0;	抬刀至安全高度
N160	M09;	切削液关
N170	M05;	主轴停止
N180	G91 G49 G28 Z0;	取消刀具长度补偿并返回参考点
N190	M30;	程序结束

子程序 1

	O0701;	子程序名
N010	G91 Z−5.0;	下降到深度
N020	G90 G41 G01 X−45.0 Y−40.0 D05;	建立刀具半径左补偿（粗刀补值 6.1 mm，精刀补值 5.98 mm）
N030	G01 Y−30.0;	直线切入
N040	G02 I5.0;	轮廓加工
N050	G01 Y−20.0;	直线切出
N060	G40 G01 X−58.0 Y−7.0;	取消刀具半径补偿
N070	G00 X−58.0 Y−53.0;	快速定位到下刀位置
N080	M99;	子程序结束

子程序 2

	O0702;	子程序名
N010	G91 G01 Z−5.0;	下降到深度
N020	G90 G41 G01 X45.0 Y40.0 D05;	建立刀具半径左补偿
N030	Y30;	直线切入
N040	G02 I−5.0;	轮廓加工
N050	G01 Y20.0;	直线切出
N060	G40 X58.0 Y7.0;	取消刀具半径补偿
N070	G00 X58.0 Y53.0;	快速定位到下刀位置
N080	M99;	子程序结束

工序 3 1 mm 台阶加工参考程序

该加工程序选用表 7—32 工序 1 的加工程序。加工时，改变程序“N100 M98 P0601 L1”并设置刀补值为“5 mm”。

工序 4　型腔轮廓加工参考程序

程序段号	程序内容	注释
	O0800；	程序名
N010	G00 G17 G21 G40 G49 G80 G90 G54；	程序初始化
N020	G91 G28 Z0；	返回机床参考点
N030	T06 M06；	ϕ10 mm 平底铣刀
N040	G90 G43 Z20.0 H06；	建立刀具长度补偿
N050	M08；	切削液开
N060	X30.0 Y-16.0；	快速定位到下刀位置
N070	M03 S640；	主轴正转 640 r/min
N080	Z5.0；	快速下降到 Z5
N090	G01 Z-5.0 F64；	下降到 Z-5
N100	G42 G01 X39.0 Y-21.0 D06；	建立刀具半径右补偿（粗刀补值 7.1 mm，精刀补值 6.98 mm）
N110	G02 X30.0 Y-30.0 R9.0；	圆弧切入到 3 点
N120	G01 X-10.194；	到 4 点
N130	G02 X-18.002 Y-26.247 R10.0；	到 5 点
N140	G01 X-37.809 Y-1.489；	到 6 点
N150	G02 X-40.0 Y4.758 R10.0；	轮廓加工
N160	G01 Y20.0；	轮廓加工
N170	G02 X-30.0 Y30.0 R10.0；	轮廓加工
N180	G01 X10.194；	轮廓加工
N190	G02 X18.002 Y26.247 R10.0；	轮廓加工
N200	G01 X37.809 Y1.489；	轮廓加工
N210	G02 X40.0 Y-4.758 R10.0；	轮廓加工
N220	G01 Y-20.0；	轮廓加工
N230	G02 X30.0 Y-30.0 R10.0；	轮廓加工
N240	G02 X21.0 Y-21.0 R9.0；	圆弧切出
N250	G40 G01 X30.0 Y-16.0；	取消刀具半径补偿
N260	G00 Z20.0；	抬刀至安全高度
N270	M09；	切削液关
N280	M05；	主轴停止
N290	G91 G49 G28 Z0；	取消刀具长度补偿并返回参考点
N300	M30；	程序结束

工序 5　菱形型腔轮廓加工参考程序

程序段号	程序内容	注释
	O0900；	程序名
N010	G00 G17 G21 G40 G49 G80 G90 G54；	程序初始化
N020	G91 G28 Z0；	返回机床参考点
N030	T05 M06；	φ12 mm 平底铣刀
N040	G90 G43 Z20.0 H05；	建立刀具长度补偿
N050	M08；	切削液开
N060	X−2.135 Y−1.3；	快速定位到下刀位置
N070	M03 S530；	主轴正转 530 r/min
N080	Z0；	快速下降到 Z0
N090	G01 Z−10.0 F53；	下降到 Z−10
N100	G41 G01 X−11.606 Y4.641 D05；	建立刀具半径左补偿（刀补值 6 mm）
N110	G03 X−14.947 Y−9.101 R10.0；	圆弧切入到 3 点
N120	G03 X−2.652 Y−17.298 R17.5；	到 4 点
N130	G01 X17.509 Y−20.388；	到 5 点
N140	G03 X25.554 Y−8.32 R8.0；	到 6 点
N150	G01 X14.947 Y9.101；	轮廓加工
N160	G03 X2.652 Y17.298 R17.5；	轮廓加工
N170	G01 X−17.509 Y20.388；	轮廓加工
N180	G03 X−25.554 Y8.32 R8.0；	轮廓加工
N190	G01 X−14.947 Y−9.101；	轮廓加工
N200	G03 X−1.206 Y−12.442 R10.0；	轮廓加工
N210	G40 G01 X−2.135 Y−1.3；	取消刀具半径补偿
N220	G00 Z20.0；	抬刀至安全高度
N230	M09；	切削液关
N240	M05；	主轴停止
N250	G91 G49 G28 Z0；	取消刀具长度补偿并返回参考点
N260	M30；	程序结束

工序 6.1　钻孔加工参考程序

程序段号	程序内容	注释
	O1000；	程序名
N010	G00 G17 G21 G40 G49 G80 G90 G54；	程序初始化
N020	G91 G28 Z0；	返回机床参考点
N030	T03 M06；	ϕ9.8 mm 钻头
N040	G90 G43 Z20.0 H03；	建立刀具长度补偿
N050	M08；	切削液开
N060	X0 Y0；	快速定位到下刀位置
N070	M03 S650；	主轴正转 650 r/min
N080	G73 X0 Y0 Z−35.0 Q5.0 R5.0 F32.5；	固定循环指令
N090	G80；	取消固定循环指令
N100	G90 G00 Z20.0；	抬刀至安全高度
N110	M09；	切削液关
N120	M05；	主轴停止
N130	G91 G49 G28 Z0；	取消刀具长度补偿并返回参考点
N140	M30；	程序结束

工序 6.2　铣孔加工参考程序

程序段号	程序内容	注释
	O1100；	程序名
N010	G00 G17 G21 G40 G49 G80 G90 G54；	程序初始化
N020	G91 G28 Z0；	返回机床参考点
N030	T01 M06；	ϕ16 mm 平底铣刀
N040	G90 G43 Z20.0 H01；	建立刀具长度补偿
N050	M08；	切削液开
N060	X0 Y0；	快速定位到下刀位置
N070	M03 S400；	主轴正转 400 r/min
N080	Z5；	快速下降到 Z5
N090	G01 Z0 F40；	下降到 Z0
N100	M98 P1101 L6；	调用子程序 6 次
N110	G90 G00 Z20.0；	抬刀至安全高度
N120	M09；	切削液关
N130	M05；	主轴停止
N140	G91 G49 G28 Z0；	取消刀具长度补偿并返回参考点
N150	M30；	程序结束

子程序

	O1101；	子程序名
N010	G91 Z−5.0；	下降到深度
N020	G90 G41 G01 X−10.0 Y−7.5 D01；	建立刀具半径左补偿（粗刀补值 8.1 mm）
N030	G02 X0 Y−17.5 R10.0；	圆弧切入
N040	G02 J17.5；	轮廓加工
N050	G02 X10.0 Y−7.5 R10.0；	圆弧切出
N060	G40 G01 X0 Y0；	取消刀具半径补偿
N070	M99；	子程序结束

工序 6.3　精镗孔加工参考程序

程序段号	程序内容	注释
	O1200；	程序名
N010	G00 G17 G21 G40 G49 G80 G90 G54；	程序初始化
N020	G91 G28 Z0；	返回机床参考点
N030	T07 M06；	φ35 mm 镗刀
N040	G90 G43 Z20.0 H07；	建立刀具长度补偿
N050	M08；	切削液开
N060	X0 Y0；	快速定位到下刀位置
N070	M03 S180；	主轴正转 180 r/min
N080	G76 X0 Y0 Z−35.0 Q2.0 R5.0 F7；	固定循环指令
N090	G80；	取消固定循环指令
N100	G90 G00 Z20.0；	抬刀至安全高度
N110	M09；	切削液关
N120	M05；	主轴停止
N130	G91 G49 G28 Z0；	取消刀具长度补偿并返回参考点
N140	M30；	程序结束

实例 4

一、工件图样（见图 7—26）

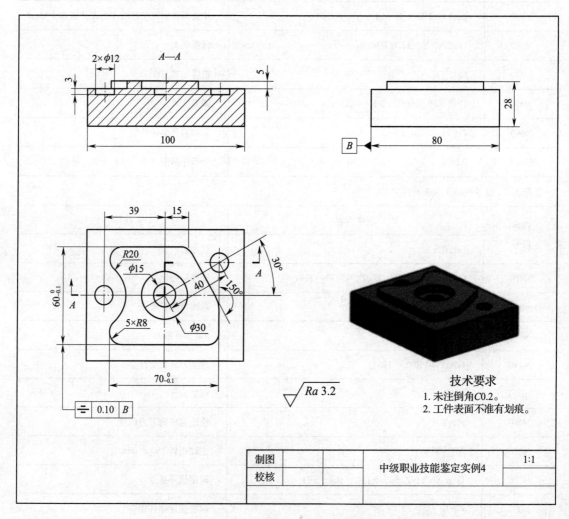

技术要求
1. 未注倒角C0.2。
2. 工件表面不准有划痕。

制图			中级职业技能鉴定实例4	1:1
校核				

图 7—26　中级职业技能鉴定实例 4

二、评分标准（见表7—33）

表7—33　　　　　　　　　　　　评分标准

姓名			图号			总分	
序号	检测内容	检测项目	配分	评分标准	检测结果	得分	备注
1	外形轮廓	$70_{-0.1}^{\ 0}$ mm	6	超差不得分			
2		$60_{-0.1}^{\ 0}$ mm	6	超差不得分			
3		$R20$ mm	2	超差不得分			
4		$5\times R8$ mm	2	超差不得分			
5		15 mm	5	超差不得分			
6		150°	2	超差不得分			
7		5 mm	5	超差不得分			
8		$Ra3.2\ \mu$m	2	降级不得分			
9	孔	$\phi30$ mm	5	超差不得分			
10		5 mm	5	超差不得分			
11		$\phi15$ mm	5	超差不得分			
12		3 mm	5	超差不得分			
13		$2\times\phi12$ mm	10	超差不得分			
14		40 mm	5	超差不得分			
15		30°	2	超差不得分			
16		3 mm	5	超差不得分			
17		$Ra3.2\ \mu$m	2	降级不得分			
18	外观	零件加工的完整性	4	一处残缺扣1分			
19	几何公差与表面质量	⟝ 0.10 B	2	超差不得分			
20	设备及工量刃具的使用维护	工量刃具的使用与保养	2	不规范不得分			
21		机床操作	4	不规范不得分			
22		机床润滑	2	不规范不得分			
23		机床保养	4	不规范不得分			
24	安全文明生产	安全操作	4	不规范不得分			
25		工作服的穿戴	4	不规范不得分			

实例 5

一、工件图样（见图 7—27）

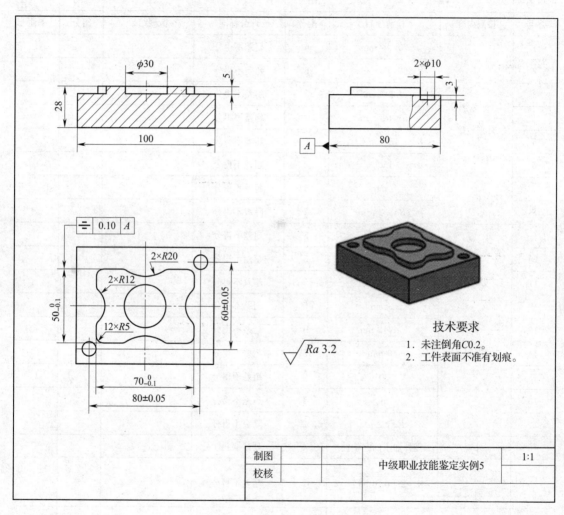

技术要求

1. 未注倒角 C0.2。
2. 工件表面不准有划痕。

制图			中级职业技能鉴定实例5	1:1
校核				

图 7—27　中级职业技能鉴定实例 5

二、评分标准（见表 7—34）

表 7—34   评分标准

姓名			图号			总分	
序号	检测内容	检测项目	配分	评分标准	检测结果	得分	备注
1	外形轮廓	$70_{-0.1}^{0}$ mm	6	超差不得分			
2		$50_{-0.1}^{0}$ mm	6	超差不得分			
3		$2 \times R12$ mm	5	超差不得分			
4		$2 \times R20$ mm	5	超差不得分			
5		$12 \times R5$ mm	5	超差不得分			
6		5 mm	5	超差不得分			
7		$Ra3.2$ μm	2	降级不得分			
8	孔	$\phi 30$ mm	5	超差不得分			
9		5 mm	5	超差不得分			
10		$2 \times \phi 10$ mm	5	超差不得分			
11		3 mm	5	超差不得分			
12		(80 ± 0.05) mm	6	超差不得分			
13		(60 ± 0.05) mm	6	超差不得分			
14		$Ra3.2$ μm	2	降级不得分			
15	外观	零件加工的完整性	5	一处残缺扣 1 分			
16	几何公差与表面质量	$\boxed{=\ 0.10\ \boxed{A}}$	5	超差不得分			
17	设备及工量刃具的使用维护	工量刃具的使用与保养	4	不规范不得分			
18		机床操作	4	不规范不得分			
19		机床润滑	2	不规范不得分			
20		机床保养	4	不规范不得分			
21	安全文明生产	安全操作	4	不规范不得分			
22		工作服的穿戴	4	不规范不得分			

实例 6

一、工件图样（见图 7—28）

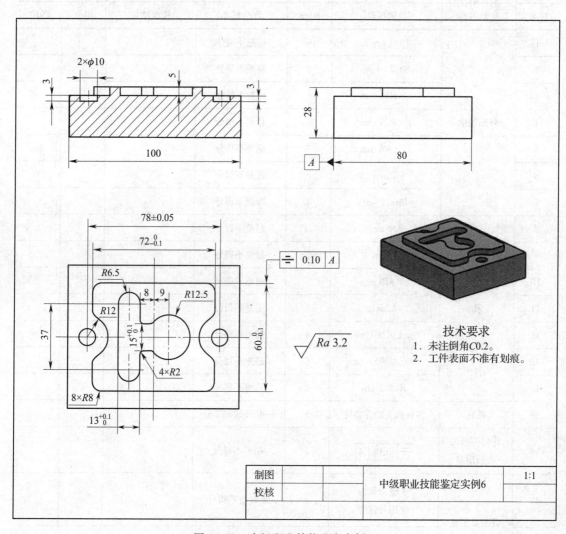

技术要求
1. 未注倒角C0.2。
2. 工件表面不准有划痕。

制图			中级职业技能鉴定实例6	1:1
校核				

图 7—28　中级职业技能鉴定实例 6

二、评分标准（见表7—35）

表7—35　　　　　　　　　　评分标准

姓名			图号				总分	
序号	检测内容	检测项目	配分	评分标准	检测结果		得分	备注
1	外形轮廓	$72_{-0.1}^{0}$ mm	6	超差不得分				
2		$60_{-0.1}^{0}$ mm	6	超差不得分				
3		$R12$ mm	2	超差不得分				
4		$8\times R8$ mm	2	超差不得分				
5		5 mm	5	超差不得分				
6		$Ra3.2\ \mu$m	2	降级不得分				
7	型腔	$15_{0}^{+0.1}$ mm	6	超差不得分				
8		$13_{0}^{+0.1}$ mm	6	超差不得分				
9		$R6.5$ mm	2	超差不得分				
10		$R12.5$ mm	2	超差不得分				
11		$4\times R2$ mm	2	超差不得分				
12		37 mm	2	超差不得分				
13		8 mm	2	超差不得分				
14		9 mm	2	超差不得分				
15		5 mm	2	超差不得分				
16		$Ra3.2\ \mu$m	2	降级不得分				
17	孔	$2\times\phi10$ mm	10	超差不得分				
18		3 mm	5	超差不得分				
19		(78 ± 0.05) mm	6	超差不得分				
20		$Ra3.2\ \mu$m	2	降级不得分				
21	外观	零件加工的完整性	4	一处残缺扣1分				
22	几何公差与表面质量	⊥ 0.10 A	2	超差不得分				
23	设备及工量刃具的使用维护	工量刃具的使用与保养	2	不规范不得分				
24		机床操作	4	不规范不得分				
25		机床润滑	2	不规范不得分				
26		机床保养	4	不规范不得分				
27	安全文明生产	安全操作	4	不规范不得分				
28		工作服的穿戴	4	不规范不得分				

实例 7

一、工件图样（见图 7—29）

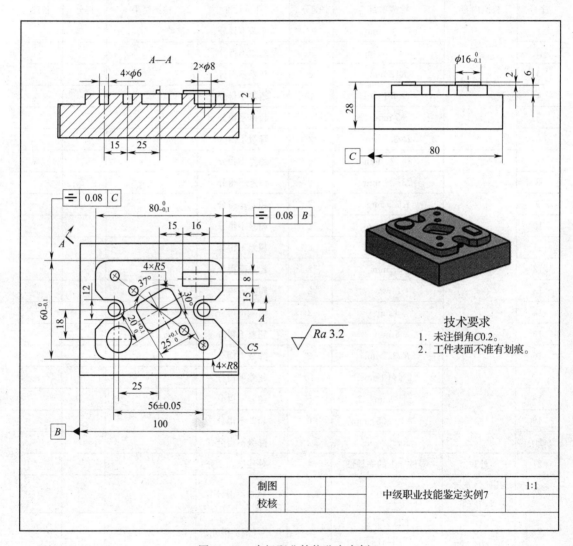

技术要求
1. 未注倒角C0.2。
2. 工件表面不准有划痕。

制图			中级职业技能鉴定实例7	1:1
校核				

图 7—29　中级职业技能鉴定实例 7

二、评分标准（见表7—36）

表 7—36 评分标准

姓名			图号				总分	
序号	检测内容	检测项目	配分	评分标准	检测结果	得分	备注
1	外形轮廓	$80_{-0.1}^{0}$ mm	3	超差不得分			
2		$60_{-0.1}^{0}$ mm	3	超差不得分			
3		12 mm	2	超差不得分			
4		$C5$	2	超差不得分			
5		$R6$ mm	2	超差不得分			
6		(56 ± 0.05) mm	3	超差不得分			
7		$4\times R8$ mm	2	超差不得分			
8		6 mm	2	超差不得分			
9		$Ra3.2\ \mu$m	2	降级不得分			
10	矩形台阶	16 mm	2	超差不得分			
11		8 mm	2	超差不得分			
12		15 mm	2	超差不得分			
13		15 mm	2	超差不得分			
14		2 mm	2	超差不得分			
15		$Ra3.2\ \mu$m	2	降级不得分			
16	圆形台阶	$\phi16_{-0.1}^{0}$ mm	3	超差不得分			
17		25 mm	2	超差不得分			
18		18 mm	2	超差不得分			
19		2 mm	2	超差不得分			
20		$Ra3.2\ \mu$m	2	降级不得分			
21	方形型腔	$25_{0}^{+0.1}$ mm	3	超差不得分			
22		$20_{0}^{+0.1}$ mm	3	超差不得分			

序号	检测内容	检测项目	配分	评分标准	检测结果	得分	备注
23	方形型腔	4×R5 mm	2	超差不得分			
24		30°	2	超差不得分			
25		6 mm	2	超差不得分			
26		Ra3.2 μm	2	降级不得分			
27	孔	4×φ6 mm	4	超差不得分			
28		15 mm	2	超差不得分			
29		25 mm	2	超差不得分			
30		37°	2	超差不得分			
31		6 mm	5	超差不得分			
32		2×φ8 mm	2	超差不得分			
33		(56±0.05) mm	3	超差不得分			
34		2 mm	2	超差不得分			
35		Ra3.2 μm	2	降级不得分			
36	外观	零件加工的完整性	3	一处残缺扣1分			
37	几何公差与表面质量	⟋ 0.08 B	1	超差不得分			
		⟋ 0.08 C	1	超差不得分			
38	设备及工量刃具的使用维护	工量刃具的使用与保养	2	不规范不得分			
39		机床操作	3	不规范不得分			
40		机床润滑	2	不规范不得分			
41		机床保养	2	不规范不得分			
42	安全文明生产	安全操作	2	不规范不得分			
43		工作服的穿戴	2	不规范不得分			

实例 8

一、工件图样（见图 7—30）

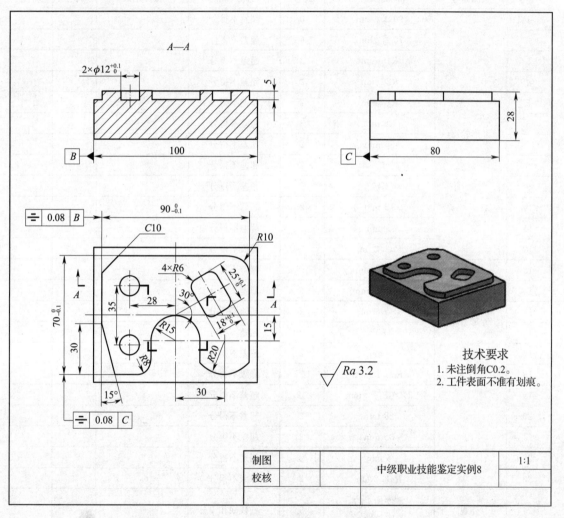

技术要求
1. 未注倒角C0.2。
2. 工件表面不准有划痕。

$\sqrt{Ra\,3.2}$

制图			中级职业技能鉴定实例8	1:1
校核				

图 7—30 中级职业技能鉴定实例 8

二、评分标准（见表 7—37）

表 7—37 评分标准

姓名			图号			总分	
序号	检测内容	检测项目	配分	评分标准	检测结果	得分	备注
1		$90_{-0.1}^{0}$ mm	6	超差不得分			
2		$70_{-0.1}^{0}$ mm	6	超差不得分			
3		$R15$ mm	2	超差不得分			
4		$R20$ mm	2	超差不得分			
5		$R10$ mm	2	超差不得分			
6	外形轮廓	$R8$ mm	3	超差不得分			
7		30 mm	2	超差不得分			
8		$15°$	2	超差不得分			
9		$C10$	2	超差不得分			
10		15 mm	2	超差不得分			
11		5 mm	2	超差不得分			
12		$Ra3.2\ \mu m$	2	降级不得分			
13		$25_{0}^{+0.1}$ mm	6	超差不得分			
14		$18_{0}^{+0.1}$ mm	6	超差不得分			
15	方形型腔	$4×R6$ mm	2	超差不得分			
16		$30°$	2	超差不得分			
17		5 mm	2	超差不得分			
18		$Ra3.2$ mm	2	降级不得分			
19		$2×\phi12_{0}^{+0.1}$ mm	12	超差不得分			
20		28 mm	2	超差不得分			
21	孔	35 mm	2	超差不得分			
22		5 mm	2	超差不得分			
23		$Ra3.2\ \mu m$	2	降级不得分			
24	外观	零件加工的完整性	5	一处残缺扣 1 分			
25	几何公差与表面质量	⌖ 0.08 B	3	超差不得分			
		⌖ 0.08 C	3	超差不得分			
26	设备及工量刃具的使用维护	工量刃具的使用与保养	2	不规范不得分			

续表

序号	检测内容	检测项目	配分	评分标准	检测结果	得分	备注
27	设备及工量刃具的使用维护	机床操作	3	不规范不得分			
28		机床润滑	2	不规范不得分			
29		机床保养	2	不规范不得分			
30	安全文明生产	安全操作	5	不规范不得分			
31		工作服的穿戴	2	不规范不得分			

实例 9

一、工件图样（见图 7—31）

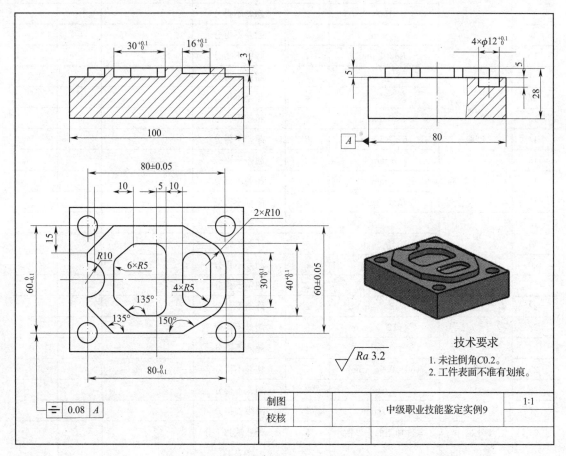

图 7—31　中级职业技能鉴定实例 9

二、评分标准（见表 7—38）

表 7—38　　　　　　　　　　　　　　　评分标准

姓名			图号			总分	
序号	检测内容	检测项目	配分	评分标准	检测结果	得分	备注
1	外形轮廓	$80_{-0.1}^{0}$ mm	4	超差不得分			
2		$60_{-0.1}^{0}$ mm	4	超差不得分			
3		$R10$ mm	2	超差不得分			
4		$2 \times R10$ mm	2	超差不得分			
5		15 mm	2	超差不得分			
6		10 mm	3	超差不得分			
7		135°	2	超差不得分			
8		150°	2	超差不得分			
9		5 mm	2	超差不得分			
10		$Ra3.2$ μm	2	降级不得分			
11	型腔	$30_{0}^{+0.1}$ mm	4	超差不得分			
12		$40_{0}^{+0.1}$ mm	4	超差不得分			
13		10 mm	2	超差不得分			
14		$6 \times R5$ mm	2	超差不得分			
15		5 mm	2	超差不得分			
16		5 mm	2	超差不得分			
17		$Ra3.2$ μm	2	降级不得分			
18	方形型腔	$16_{0}^{+0.1}$ mm	4	超差不得分			
19		$30_{0}^{+0.1}$ mm	4	超差不得分			
20		$4 \times R5$ mm	2	超差不得分			
21		3 mm	2	超差不得分			
22		$Ra3.2$ μm	2	降级不得分			
23	孔	$4 \times \phi12_{0}^{+0.1}$ mm	8	超差不得分			
24		(80 ± 0.05) mm	4	超差不得分			
25		(60 ± 0.05) mm	4	超差不得分			
26		5 mm	2	超差不得分			
27		$Ra3.2$ mm	2	降级不得分			
28	外观	零件加工的完整性	5	一处残缺扣 1 分			
29	几何公差与表面质量	▱ 0.08 A	4	超差不得分			

续表

序号	检测内容	检测项目	配分	评分标准	检测结果	得分	备注
30	设备及工量刃具的使用维护	工量刃具的使用与保养	2	不规范不得分			
31		机床操作	3	不规范不得分			
32		机床润滑	2	不规范不得分			
33		机床保养	2	不规范不得分			
34	安全文明生产	安全操作	3	不规范不得分			
35		工作服的穿戴	2	不规范不得分			

实例 10

一、工件图样（见图 7—32）

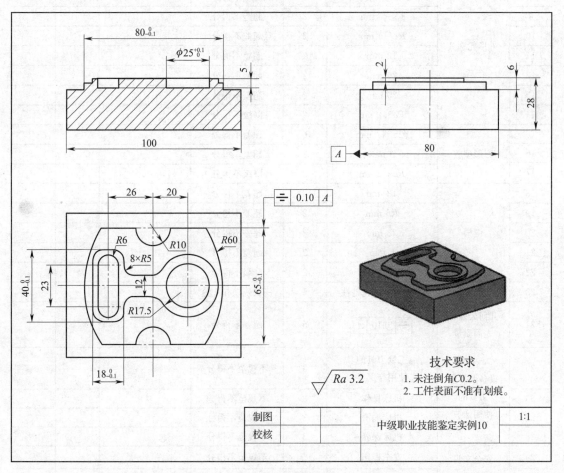

图 7—32 中级职业技能鉴定实例 10

二、评分标准（见表 7—39）

表 7—39　　　　　　　　　　评分标准

姓名			图号			总分	
序号	检测内容	检测项目	配分	评分标准	检测结果	得分	备注
1	外形轮廓 1	$80_{-0.1}^{0}$ mm	6	超差不得分			
2		$65_{-0.1}^{0}$ mm	6	超差不得分			
3		$R10$ mm	3	超差不得分			
4		$R60$ mm	3	超差不得分			
5		6 mm	2	超差不得分			
6		$Ra3.2$ μm	2	降级不得分			
7	外形轮廓 2	$18_{-0.1}^{0}$ mm	6	超差不得分			
8		$40_{-0.1}^{0}$ mm	6	超差不得分			
9		$8 \times R5$ mm	2	超差不得分			
10		$R17.5$ mm	2	超差不得分			
11		12 mm	2	超差不得分			
12		26 mm	2	超差不得分			
13		20 mm	2	超差不得分			
14		$Ra3.2$ μm	2	降级不得分			
15	圆形型腔	$\phi25_{0}^{+0.1}$ mm	6	超差不得分			
16		5 mm	2	超差不得分			
17		$Ra3.2$ μm	2	降级不得分			
18	键槽	12 mm	6	超差不得分			
19		$R6$ mm	2	超差不得分			
20		23 mm	2	超差不得分			
21		5 mm	2	超差不得分			
22		$Ra3.2$ μm	2	降级不得分			
23	外观	零件加工的完整性	5	一处残缺扣 1 分			
24	几何公差与表面质量	⟂ 0.10 A	5	超差不得分			
25	设备及工量刃具的使用维护	工量刃具的使用与保养	3	不规范不得分			
26		机床操作	3	不规范不得分			
27		机床润滑	3	不规范不得分			
28		机床保养	3	不规范不得分			
29	安全文明生产	安全操作	5	不规范不得分			
30		工作服的穿戴	3	不规范不得分			

实例 11

一、工件图样（见图 7—33）

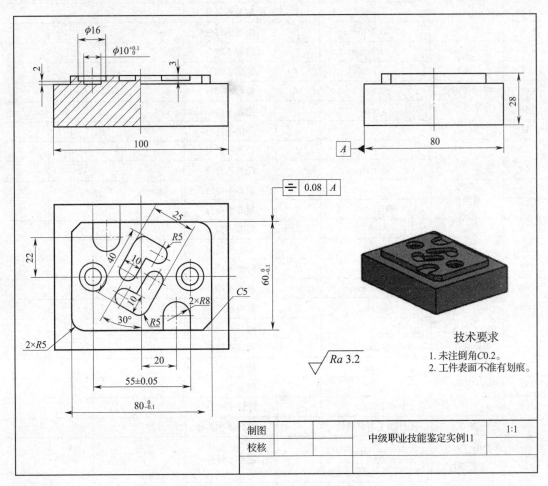

技术要求
1. 未注倒角C0.2。
2. 工件表面不准有划痕。

制图		中级职业技能鉴定实例11	1:1
校核			

图 7—33　中级职业技能鉴定实例 11

二、评分标准（见表 7—40）

表 7—40　　　　　　　　　　　　　　　评分标准

姓名			图号			总分	
序号	检测内容	检测项目	配分	评分标准	检测结果	得分	备注
1	外形轮廓	$80_{-0.1}^{0}$ mm	5	超差不得分			
2		$60_{-0.1}^{0}$ mm	5	超差不得分			

续表

姓名			图号			总分	
序号	检测内容	检测项目	配分	评分标准	检测结果	得分	备注
3	外形轮廓	$2 \times R5$ mm	2	超差不得分			
4		$C5$	2	超差不得分			
5		5 mm	2	超差不得分			
6		$Ra3.2\ \mu m$	2	降级不得分			
7	半封闭键槽	$2 \times R8$ mm	7	超差不得分			
8		20 mm	2	超差不得分			
9		22 mm	2	超差不得分			
10		3 mm	2	超差不得分			
11		$Ra3.2\ \mu m$	2	降级不得分			
12	直角槽（两处）	40 mm	2	超差不得分			
13		25 mm	2	超差不得分			
14		10 mm	2	超差不得分			
15		$R5$ mm	2	超差不得分			
16		30°	2	超差不得分			
17		3 mm	2	超差不得分			
18		$Ra3.2\ \mu m$	2	降级不得分			
19	台阶孔	$\phi 10^{+0.1}_{0}$ mm	8	超差不得分			
20		$\phi 16$ mm	2	超差不得分			
21		(55 ± 0.05) mm	5	超差不得分			
22		3 mm	2	超差不得分			
23		2 mm	2	超差不得分			
24		30°	2	超差不得分			
25		$Ra3.2\ \mu m$	2	降级不得分			
26	外观	零件加工的完整性	5	一处残缺扣1分			
27	几何公差与表面质量	⟂ 0.08 A	5	超差不得分			
28	设备及工量刃具的使用维护	工量刃具的使用与保养	3	不规范不得分			
29		机床操作	3	不规范不得分			
30		机床润滑	3	不规范不得分			
31		机床保养	3	不规范不得分			
32	安全文明生产	安全操作	5	不规范不得分			
33		工作服的穿戴	3	不规范不得分			